ま え が き

化学という言葉を聞いて，何を連想するだろうか．

化学は衣食住のすべてと密接な関係がある．真理探究の学問的な意義とともに，豊かな生活を送るための応援的な手段も担っている．

化学実験は，黒板や書物による耳や目による学習の代わりに，手を動かし物質の変化を直接観察する体験学習の授業である．

化学は，物質の構造や性質を知り，そこから新たな生活の役に立つさまざまな物質を作り出す学問ではあるが，実験から生まれ実験により育まれてきた学問でもある．教科書や参考書で学んだ事柄をさらに体感することで，理解をより深めてほしい．

この実験書は，物質の性質の観察や物質の合成法を学習できるように構成されている．定性分析では，混合物を成分に分離する実験手法を，定量分析では，成分の精密な量を測定する基本的な方法を学習する．さらに選択実験では，物質の合成法や物理的性質の測定法を学ぶ．必ずしも化学講義や化学演習と並行して学習するわけではない．かなり多数の課題が掲載されているが，決してそれらのすべてを実験するわけではなく，指導教員の指示に従ってこれらの一部を学習する．

学習に際しては，実験課題の背景に広がる化学的な思考法を修得することを目的としている．本書は，将来，化学をさらに専攻することの少ない，いわゆる非化学系の学生諸君を念頭に置いて書かれた．異なった分野での研究・学習方法を理解しておくことが，諸君の将来に役立ってくるだろうと思う．実験を通して可能な限りたくさんの観察を行い，現象・変化の不思議を考察して生じた疑問を解明するように努めてほしい．

1998 年 12 月

著　者

目　　次

D編 資　　料

A

実 験 の 基 礎

　本編では，化学実験を行う際に最小限必要と思われる基本的な知識や，安全のために必要な心得と，災害に対する諸注意を述べる.

1. 化学実験実施上の基本的注意

（1） 化学実験上の心得

化学実験は，薬品，ガラス器具あるいはガス・電気などを用いる．細心の注意を払って取り扱わないと危険を伴う．しかし，諸注意事項をきちんと守れば，実験は安全に実施できる．化学実験室では必ず次の事項を守って実験を行わなければならない．

a． 服装と身だしなみ

実験室では，動きやすい服を着用すること．保護眼鏡を着用すること．長い髪はとめること．必ずしも白衣を着用しなくてもよいが，薬品やバーナーの炎で衣服を汚損する可能性があるので，汚れてもかまわないような服装で行う．なお，運動着などで実験を行わないこと．

カバン，コートや運動用具など実験に不必要なものは所定のロッカーに収納し，実験室には持ち込まない．水や薬品による汚損を避けるためである．貴重品は自分で携帯すること．

b． 実験に対する態度

実験台上は，常に清潔に保つこと．開始前・終了後は必ず実験台をぞうきんでよく拭き，整理・整頓を常に心がけるように．

開始前に必要な器具・試薬の点検を行い，不足器具・試薬などを申告して補充しておく．破損器具があったら破片などを準備室に持参し，新しいものと交換してもらうこと．

実験中に器具を破損した場合は，教員に速やかに連絡した後，破損報告書に記入し，新しいものと交換してもらう．

終了後は器具・試薬の出し忘れがないか，ガス栓・水道栓の締め忘れがないかを確認し，実験台上を整理・整頓して退室する．

使用後のガラス器具類はクレンザーでよく洗い，次に水道水，最後にイオン交換水で洗浄する（p. 7「試薬と器具，装置の扱い方」参照）．器具の水切りをよくするために，開口部を下にして水切りかごに収納する．ピペットは，細くなっている部分を上にしてピペット台に収納する．

実験終了後，共通利用スペースの掃除当番にあたった者は，共通利用の実験台，ドラフト，実験室床の清掃および共同利用の試薬・器具の整理などの作業を担当教員の指示により行う．

実験は原則として二人一組で行う．

始業5分前には入室すること．実験を始める前にその都度簡単な説明がある．実験を安全に進めるためにも，共同実験者に迷惑をかけないためにも，無断遅刻や欠席はしないこと．

c. 実験室以外での作業

実験（予習）ノートを準備すること．実験を時間内に円滑に進めるために，必要な操作・薬品などに関する予備知識をあらかじめノートに記載しておくこと．実験ノートの書き方は，Ａ編 8.「実験ノート」を参照して書く．結果をテキストに直接書き込む人をときどき見かけるが，大切なテキストが汚れ，後日レポート作成の際に支障を生じることがある．

実験終了後，レポートを提出して実験を完了する．実験ノートをよく整理し，Ａ４判レポート用紙に書いて提出する．レポートの提出は個人別で行う．提出締切日はその都度指示する．締切日に遅れないこと．

（2） 事 故 の 防 止

実験室内はすすやさまざまなガス（NH_3，HCl，H_2S，SO_2など）で汚染されやすい．換気に十分気をつける．とくに硫化水素などの有毒な試薬を使用する際にはドラフトを利用する．ドラフトには強制排気ファンと室内灯が内蔵されている．両方のスイッチが ON になっていることを確認してから使用すること．

引火性・可燃性の試薬を使用するときには，周囲の状況を十分に把握してから操作すること．

水酸化ナトリウム，硝酸あるいは硫酸などの皮膚を侵す性質のある試薬を身体につけた場合には，大量の水で付着部分をまず洗い，共同実験者の協力を得て担当教員に連絡すること．万一事故が発生しても，決して自分たちだけで処理せず，担当教員に速やかに連絡をすること．

（3） 廃棄物の取り扱い

実験に使用したすべての試薬の廃棄物は，原則として回収・処理をして放流しなければならない．実験室では，廃棄物を表 1.1 のように別々に回収しておく．

実験で不要になった試薬（廃棄物）は廃液タンクに移す．次に，できるだけ少量の水道水で容器をすすぎ（一次すすぎ水）これも廃液タンクに移す．二次すすぎ水以降は放流してもよい．最後に洗剤洗いをして器具を保管する．

廃棄物や一次すすぎ水は，使っていない大きめのビーカーなどにためておき，所定のポリ製の廃液タンクにまとめて棄却する．

表 1.1 廃棄物の分類と回収

廃液タンク	廃棄物の種類
1	重金属類：Fe，Pb，Ag，Cu，Zn，Ni，Co，Cd，Mn その他：As，P，Se
2	水銀および含水銀化合物
3	シアン化合物
4	6 価クロム（Cr）
5	有機溶媒（アルコール，ケトン，エーテル，エステルなど）

2. 実験に用いられる器具

ビーカー

コニカル
ビーカー

三角フラスコ

共栓付き
三角フラスコ

丸底フラスコ

ナス型
フラスコ

ナシ型
フラスコ

滴びん

枝付き
フラスコ

クライゼン
フラスコ

融点フラスコ

細口びん

広口びん

秤量びん

吸引びん

試験管

栓付き試験管

遠心沈殿管

ロート

ガラスフィルター

分液ロート

滴下ロート

時計皿

ペトリ皿

結晶皿

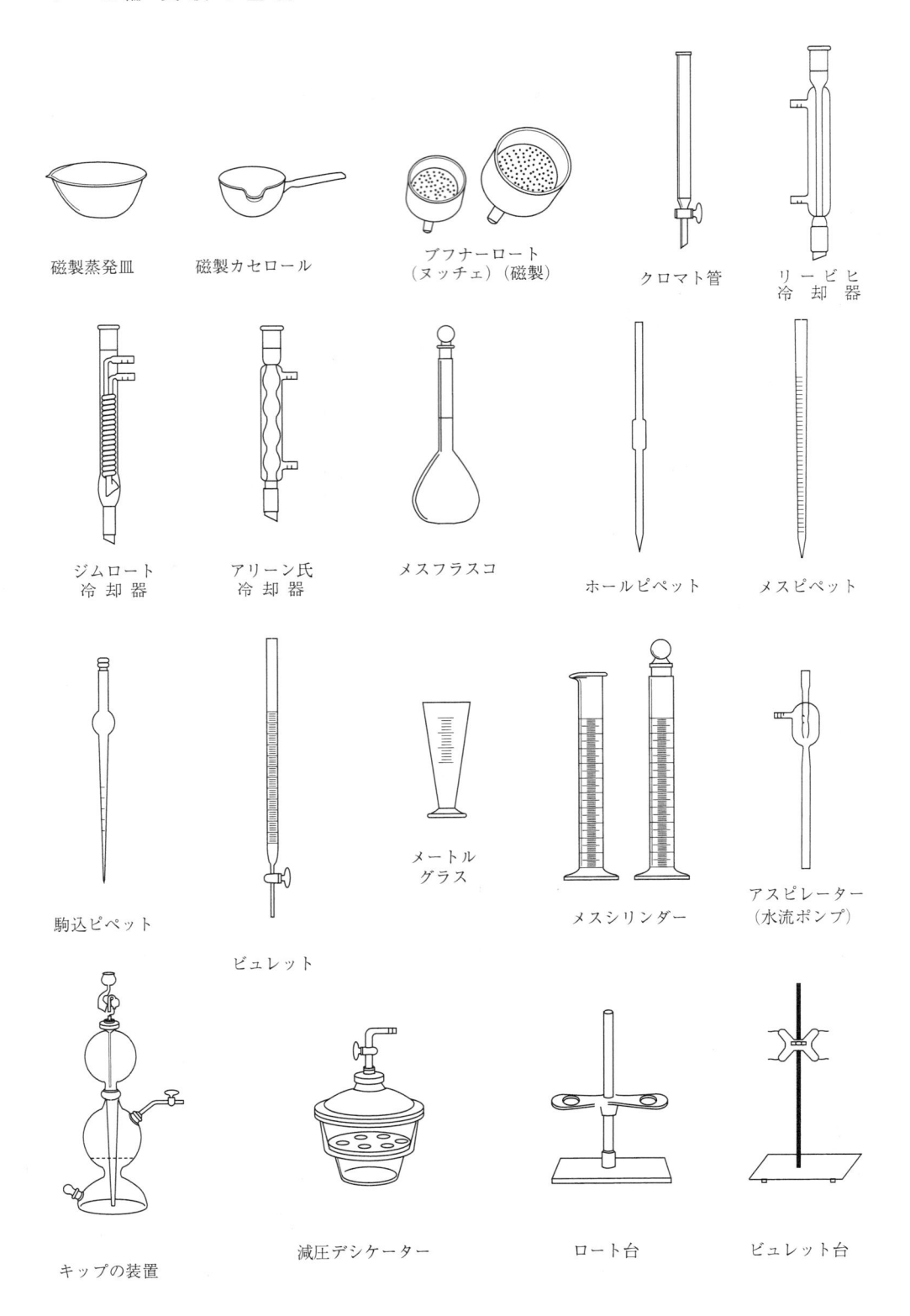

磁製蒸発皿　磁製カセロール　ブフナーロート（ヌッチェ）（磁製）　クロマト管　リービヒ冷却器

ジムロート冷却器　アリーン氏冷却器　メスフラスコ　ホールピペット　メスピペット

駒込ピペット　ビュレット　メートルグラス　メスシリンダー　アスピレーター（水流ポンプ）

キップの装置　減圧デシケーター　ロート台　ビュレット台

3. 試薬と器具，装置の扱い方

（1） 試薬びんの扱い方

　試薬びんから試薬を採取する場合には，ラベルの貼付された側を上にして傾ける．ラベルが試薬で汚れたり，はがれたりすることのないように扱う．

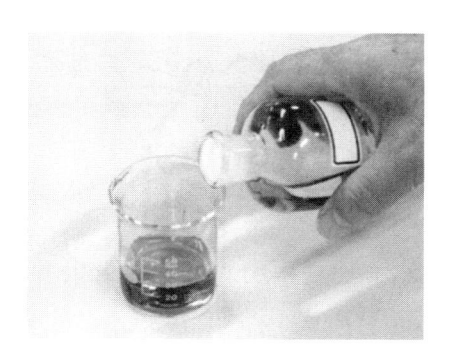

図 3.1　液体試薬の採取

　試薬採取後は速やかに栓をする．他の試薬びんの栓と取り違えると，試薬が汚染されてしまう．水酸化ナトリウムや水酸化カリウムなどの強塩基性水溶液の試薬びんには，ゴム栓を用いる．
　試薬を新しく調製した場合には，必ずラベルを貼っておく．ラベルには，試薬名，調製月日および調製者を記入する．

6 M HCl
2003.4.5　　田辺

図 3.2　ラベルの書き方

（2） 試薬の採取

　固体試薬の採取は薬さじを用いる．あるいは試薬びんを傾け，器壁の上側部分を指で軽くたたき，少量ずつ取り出す．
　液体や溶液の場合には，駒込ピペットを用いる．ピペット類はよく乾いたものを用いる．または，試薬びんの口をガラス棒の中間に触れさせ，棒に液を伝わらせて容器に注ぎ入れる．
　滴びんに入った液をとるには，滴下管の先端が試料を入れる容器に触れないようにする．

（3）　天秤の使用法

a．天秤の種類と性能

化学実験においては，物質の重さを正確に知る必要がある場合が非常に多い．したがって，物質の重さを測定するための天秤（balance）は，化学実験に使用する理化学機器の中でもっとも基本的なもののひとつである．そこで，化学実験を始めるにあたって，天秤の種類や性能およびそれらの使用法について熟知しておく必要がある．

一般に，上皿天秤はおおよその重さをはかるのに用い，化学天秤（電子天秤）は通常の化学分析に，そして微量天秤はきわめて微量な試料をはかるために使用されている．

b．天秤使用上の一般的注意

天秤に限らず，実験に使用する機器の取り扱いには，その性能を十分に発揮させ，常に最高の状態で使用しうるように保守を行うことが必要である．天秤についての共通の注意点を次に述べる．

1) 天秤は精密な機器であるので，天秤の周辺は常に清潔に保ち，とくに天秤を薬品類で汚染しないように注意する．

2) 天秤は振動に対してきわめて敏感であるので，水平で振動しない台上に置く．また，直射日光の当たるところやストーブの近くに置いてはいけない．

3) 天秤を設置したら，必ず水平になっていることを，付属の水準器で確かめる．

4) 不用意に無用の振動や衝撃を与えてはいけない．

5) その天秤の最大秤量値以上の重量物をのせて，天秤を解放してはならない（とくに，化学天秤や微量天秤に対しては厳重に注意すること）．

6) 使用前に必ず天秤の皿の上を，備え付けの鳥の羽根か筆で掃き，清潔にしておく．こののちに，天秤のゼロ点を調整する．

7) 試薬などを秤量するときには，これらを直接皿の上にのせてはいけない．正確に秤量しようとするときには，秤量びんを使用する．秤量びんは，あらかじめ洗って清浄にし，乾燥したのちにその重さをはかっておく．その他の場合は，試料の性質や形状などに応じて，ビーカー，時計皿などを用いたり，薬包紙に包んではかる．試料は皿の中央に置く．

8) 分銅を用いるときには，必ずピンセットを使用し，直接指でつかんではいけない．また，1 g以下の板状分銅は紛失しやすいので，とくにその保管には注意を要する．

9) 秤量物の温度は，天秤室の室温に等しくしてからはかる．室温より温度の高いものや低いものは，熱対流を生じて正確にその重さをはかることができない．

10) 使用後は，天秤およびその周辺を清潔に保つ習慣をつけておく．また，天秤が正常に作動しないときには，自分で勝手に扱わずに，必ず実験指導者に連絡する．

c．電子天秤の使用法

1）　水準の点検と通電：水準器の気泡が中央に来るように調整する．電源を入れて約1時間ウォーミングアップを行う．

2）　ゼロの確認：「TARE」，「RE・ZERO」，「▸0◂」などのボタンを押し，指示窓の数字を 0.000 g に調整する．

3）　秤量操作：

ⅰ）　風袋を使わない場合：指示窓の数値が 0.000 g になっていることを確認後，秤量瓶や薬包紙，フラスコなどの秤量物を入れる容器を静かに上皿の中央にのせる．指示窓の数値をノートに記録する．容器を天秤から実験台上におろし，秤量する試料を入れる．指示窓の数値が 0.000 g になっていることを確認後，試料の入った容器を上皿の中央にのせる．指示窓の数値をノートに記録する．

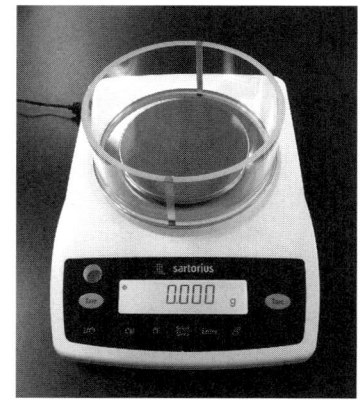

図 3.3　電子天秤

ⅱ）　風袋を使う場合：秤量瓶や薬包紙，フラスコなどの秤量物を入れる容器を静かに上皿の中央にのせる．「TARE」，「RE・ZERO」，「▸T◂」などのボタンを押して，指示窓の数字を 0.000 g にする．容器を天秤から実験台上におろし，秤量する試料を入れる．試料の入った容器を上皿の中央にのせる．表示された指示窓の数値をノートに記録する．

4）　試薬の増減：秤量する試薬を増減させるときは，試料の入った容器を実験台におろして試薬の追加もしくは削減を行い，上皿にのせて秤量する．

（4）　水の種類と器具の洗浄

実験テキストで「水」と表現されていても，水道水，蒸留水，イオン交換水あるいは純水などさまざまなものがありうる．それぞれ文字どおりの意味のものであるが，本実験では主にイオン交換水を使用する．

使用済みの器具を洗う場合には，まずクレンザーを容器に合った適切な大きさのブラシにつけ，水道水でぬらした器具をよく磨く（cleanser，磨き粉の意味）．次に水道水で器具をよくすすぎ，クレンザーを流し取る．最後にイオン交換水で水道水を洗い流し，自然乾燥する．

諸君の実験においては，器具を高温に加熱乾燥する必要はない．いわゆる洗剤は洗い流すのに手間がかかるので，通常は用いない．

なお，ホールピペット，ビュレットあるいはメスフラスコなどの精密な測容器はブラシで洗うと内壁を傷つけるので，内部の洗浄は諸君は行わないでよい．

（5）　濃 硫 酸 の 希 釈

濃硫酸，濃硝酸あるいは濃塩酸などを薄めて用いる場合には，薄め方を誤ると激しい発熱を伴い，突沸を起こして液が飛び散り，顔や目，皮膚などに大火傷を負うことがあるので，注意が必要である．

濃硫酸を実際に希釈するには，イオン交換水を入れてある容器の中に，メスシリンダーに採取した濃硫酸を少しずつかき混ぜながら加えていく．混合中は容器の周囲を氷水で冷やして，高温になるのを防ぐ．

（6）　ガスバーナーの取り扱い

現在実験室でふつうに用いられているバーナーは，テクルバーナーといわれる．バーナーを分解してガスや空気の流路を確認し，それぞれの部位の役割や調節法を理解しておくとよい．次にガスバーナーの扱い方を説明する．

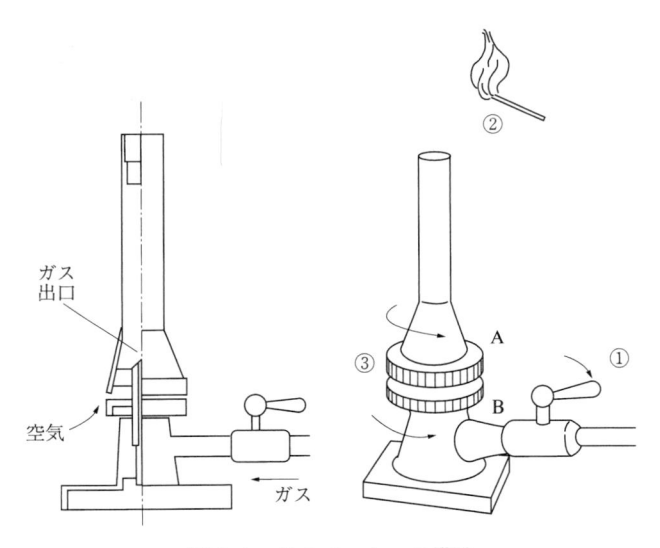

図 3.4　ガスバーナーの構造

まず調節リング A, B および元栓が完全に閉じていることを確認する．次に元栓を開け，マッチ（ライター）に点火する．炎をバーナーの上に移動してから，ガス量調節リング B を反時計方向にわずかにゆるめ，点火する．ガスに着火したら，空気量調節リング A をこれも反時計方向にゆるめて空気を送入し，オレンジ色の炎を青白い炎に変えてから使用する．空気流入量が多すぎると正常に着火しない．

ガスの使用を中止するには，空気量調節リング，ガス量調節リング，最後に元栓の順で閉じていけばよい．

（7）　キップの装置

　実験室で硫化水素や二酸化炭素を発生させるには，キップの装置が簡便である．これらの気体は無機塩と強酸の組み合わせにより容易に発生させることができる．

　硫化水素は，次の化学反応式に基づき発生させることができる．

$$FeS + 2HCl \longrightarrow FeCl_2 + H_2S$$

キップの装置を用いると，必要なだけの気体を発生させられるので便利である．

　硫化水素のような有毒な気体を扱うときは，必ずドラフトで行う．ドラフト内のキップの装置のコックを開けば，硫化水素は洗気びんを通じてガラス管から出てくる．ガラス管の先端を通じようとする容器内の液体に浸け，泡立てるようにしてガスを通じる．使用後はコックを閉じ，管の先端を蒸留水で洗い流しておく．

　キップの装置のコックを閉じると，硫化水素の圧力で中の希塩酸が硫化鉄から分離して，自動的にガスの発生が止まる．

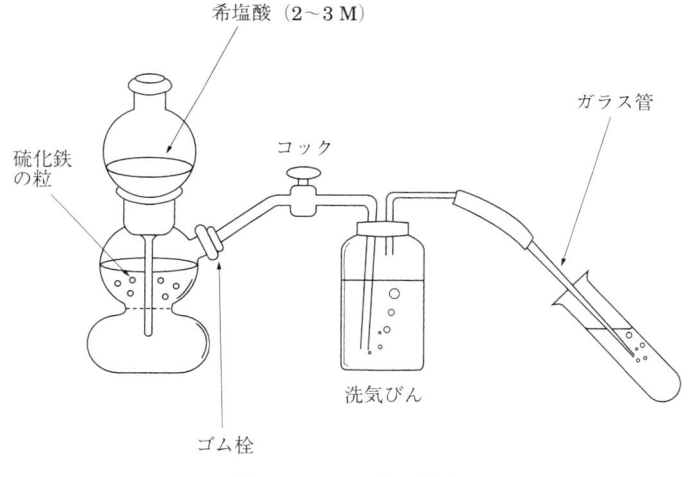

図 3.5　キップの装置

（8）　測容器具の使い方

測容器の公差

　測容器は溶液の一定量を正確にはかる際に用いられる器具であるが，それぞれの体積の容器ごとにある誤差（公差）をもっている．精密な実験を行うときには，使用する計量器の誤差を実験者みずからが確認する必要がある．しかし，一般には度量衡検定所の合格品をそのまま用いて差し支えない．

　なお，測容器は電気乾燥器などで加熱乾燥させてはいけない．ガラス製の測容器は，一般に20 ℃ の温度で刻印された容量になるように作られている．測容器には一定量になる温度が必ず書かれている．加熱乾燥させたガラス製測容器は室温まで戻しても，もとの体積にはなかなかかならない．水に濡れたホールピペットやビュレットをすぐに使いたいときは，中に入れる溶

表 3.1　測容器の公差

メスフラスコ	容量（mL）	25	50	100	250	500	1000
	公差（mL）	0.04	0.06	0.1	0.15	0.25	0.4
ビュレット	容量（mL）	2	10	25	50	100	
	公差（mL）	0.01	0.02	0.05	0.05	0.1	
ホールピペット	容量（mL）	1～2	5	10	25	50	
	公差（mL）	0.01	0.015	0.02	0.03	0.05	
メスピペット	容量（mL）	1	2	5	10	25	50
	公差（mL）	0.01	0.015	0.03	0.05	0.1	0.2
メスシリンダー	容量（mL）	10	20	50	100	500	1000
	公差（mL）	0.2	0.2	0.5	0.5	2.5	5.0

液で数回供洗いをすればよい．

　ホールピペットは少量の液を吸い，ピペットを横にして回転させてから液を流出させる．この作業を2～3回繰り返す．ビュレットの場合には，満たすべき試薬溶液を少量（10 mL 程度）入れ，ビュレットを横にして回転させ，試料溶液を十分ビュレット内に行き渡らせる．さらに，コック栓を回して少量の液を流出させ，ビュレットを傾けて回転させながら上端から液を流し出す．同様に，この作業を2～3回繰り返す．

液　量　の　計　測

　メスシリンダーやビュレットなどで液量をはかるには，測容器を垂直に立て，液面を真横から水平に見て測容器の標示線と液面の最低部（水溶液の場合：メニスカス）を一致させて採取量に合わせる．

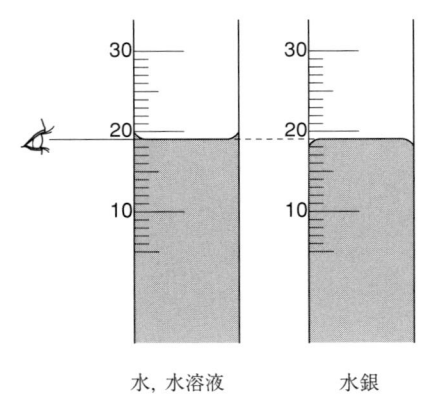

水, 水溶液　　　　水銀

図 3.6　液量の計測

a.　ホールピペット

　ある容器からある容器に一定量の溶液を正確に移す際に使用する．採取する際には安全ピペッターを使用する．以下には，安全ピペッターとホールピペットを使用した溶液の採取方法を示す．

　ピペッターのSの先端部分にピペットを挿入する．次にAをつまみながらゴム球の空気を排気したのち，Aの指を離す．

　ピペットの先端部分を採取する溶液に浸け，ピペッターのSをつまみ続けると，液が吸引される．標線の少し上まで溶液が吸引されたらSの指を離す．ピペッターのEをつまむと液

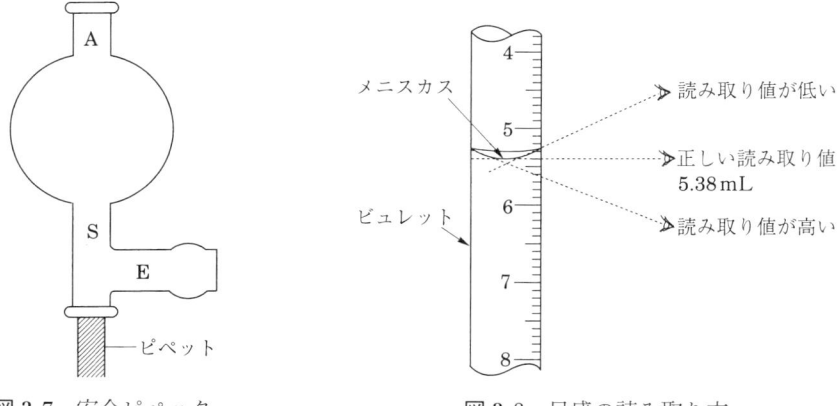

図 3.7　安全ピペッター　　　　　　　図 3.8　目盛の読み取り方

が放出されるので，液面を標線にあわせる．ピペットの先端を溶液を移そうとする容器の内壁に付け，ピペッターの E をつまんで溶液を流出させる．溶液がほぼ流出し終わったら，ピペットの先端を約 10 秒ほど内壁に軽くこすりつけて残りの液を流出させる．あるいは，溶液がほぼ流出し終わった後，E の指を離し，片方の手のひらでピペットの中央部の膨らんだ部分を軽く握り，ピペット中の残液を排出させる．どちらの方法を用いても良いが，一連の実験ではどちらかに統一する．表示量は標線まで吸い上げた液を流出させた時の流出量である．

　使用後の安全ピペッターは，ゴム球の中の気体を数回入れ替えて，残存ガスによるゴムの劣化を防ぐ．

b． メスフラスコ

　正確な濃度の溶液を調製するときに使用する．化学的に組成の明らかな高純度試薬の一定量を秤量びんや小型のビーカー（100 mL 以下）を用いて天秤ではかりとり，試料を溶解した後，ロートなどを使用して溶解した試料をすべてメスフラスコに移す．水を標線まで加え，栓をしてから逆さまにして，中の溶液を 1 分ほど振り混ぜ，均一にする．水に溶解する際，多量の発熱や吸熱を伴わない試薬の場合は，メスフラスコに移してから溶解してもよい．その際は，メスフラスコの半分くらいまで水を加えたところでよく振り混ぜ，試薬を完全に溶解させる．メスフラスコは標線まで入れた液量が表示されている液量になるように作られている．

c． ビュレット

　最小目盛 0.1 mL で容量が刻まれた測容器で，滴定液を一定量加えるときに使われる．通常，容量分析では，濃度既知の溶液（これを標準液という）を入れ，試料中の目的成分と反応したその溶液の液量を適当な指示薬を用いて最小目盛 0.1 mL を 10 等分して 0.01 mL の桁まで読み取る．

　共洗いを終えた後，ビュレットのコックを閉じ，ロートを用いて溶液を目盛最上端の少し上

まで入れる．気泡の発生がやむのを待ってコックを開き，少量の溶液を流し出しコック栓の下部の空間に溶液が十分に満ち渡るようにする．次にロートを外し，液面最低部の目盛を読む．ビュレットの液量の読み取りは，ビュレットを鉛直に立てビュレット内の液面と目の高さを同じにして読む．ビュレットのコック栓の外側を左手でつまみ，左方向に引き気味の力をたえず加えながらコックをゆっくり回して液を流出させる．右手はコニカルビーカーを持ち，滴定終点付近ではゆっくり回すようにして滴定液と試料溶液とを反応させる．

　滴定は滴下開始時の目盛と等量点目盛の差として読み取る．操作をくり返し，0.10 mL 以内の滴定値 3 つの平均値をとり計算に用いる．この範囲に入る 3 つの値が得られるまで，滴定を何度も行うこと．

（9）　濾　　過

a.　沈 殿 の 生 成

　溶液中の目的成分を難溶性沈殿としてできるだけ完全に沈殿させるためには，溶解度積の理論からも明らかのように，沈殿剤を当量よりやや過剰に加える必要がある．

　沈殿を作る際には，溶液をよくかきまぜながら沈殿剤を少量ずつ加え，しばらく静置した後，その上澄み液にさらに 1～2 滴加えても，もはや沈殿の生成が起こらないことを確かめてから，さらに 2～3 滴過剰に加える程度がよい．

b.　沈 殿 の 分 離

　生成した沈殿を母液から分離するには，濾紙を用いる濾過法が主として用いられる．その他，吸引濾過法，傾斜法，遠心分離法などが用いられる．

　図の（a）に示すように濾紙を折ってから，（b）のようにロートと濾紙の間に空隙がないようにしっかり密着させる．ロートによっては角度に違いを生じているのがあるので，このようなときには AB の折り方を加減して角度に合わせる．上端を押さえてイオン交換水を少量吹きつけ，指で押さえて密着させる．その後，溶液をガラス棒をつたわらせて濾

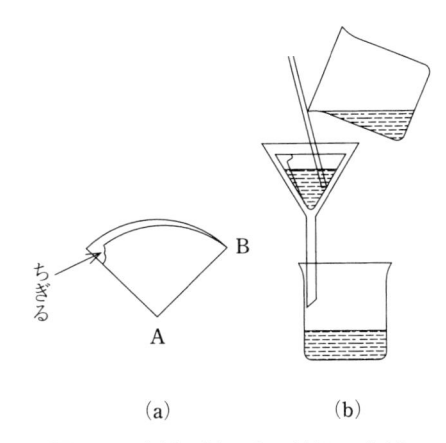

図3.9　濾紙の折り方と沈澱の分離

紙の三重になっている方へ注ぐ．容器に残存する固形物を完全に集めるには，濾液の一部を残留物の残っている容器に一度戻し，再度ロート上の濾紙に注ぎ込む操作を繰り返し行う．

c.　沈 殿 の 洗 浄

　単に濾過しただけでは，沈殿の間隙に母液が残り，分離が不完全になる．それゆえ，洗浄水で濾紙上の沈殿を十分洗浄する必要がある．

d. 沈殿の移し方

濾紙上の沈殿をビーカーなどに移す操作には種々の方法がある.

1) 洗ビンから水を吹き付けて沈殿を流し出す.

2) 以後の操作を考慮して適当な酸あるいはアルカリなどを濾紙上の沈殿に注いで溶かし出す.

3) 単にガラス棒で沈殿を取り出す.

e. 吸引濾過の方法

通常の濾過では濾過速度が遅く時間がかかるような場合には, 吸引濾過法が用いられる. 吸引濾過には, アスピレーター (水流ポンプ) あるいはダイヤフラムポンプ, 濾過びんとブフナーロート (ヌッチェ) あるいは枝付き試験管と目皿付きロートを用い, およそ次のようにして行う.

濾紙をブフナーロートの内径よりも 5 mm 程度小さめに切る. ブフナーロートの底面に濾紙を敷いたときに底面に完全に密着し, 濾紙が浮いて空気が入り込まないようにする.

次に濾紙を溶媒で湿らせ, アスピレーターで吸引して濾紙をブフナーロートの底面に密着させる. 沈殿を含む液を注ぎ込み, 母液を濾過びんのほうに吸い取らせる.

固形物が下に沈んでいる場合には, 上澄み液だけを先に吸引濾過すると, 濾過時間を短縮できる. 容器に残存する固形物を完全にブフナーロートに集めるには, 濾液の一部を残留物の残っている容器に一度戻し, 再度ブフナーロートに注ぎ込む操作を繰り返し行う.

ブフナーロート上の固形物を洗浄するには, 試薬びんの栓や先が平らなガラスさじなどで固形物をよく押し付け, 母液を十分に除く. ゴム管をいったん濾過びんからはずして常圧に戻し, 再結晶に用いたのと同一で新鮮な溶媒をブフナーロート上に満遍なく注ぎ, 濾紙を破らないようにかき混ぜた後, 吸引濾過する. この操作を 2〜3 回繰り返せばよい.

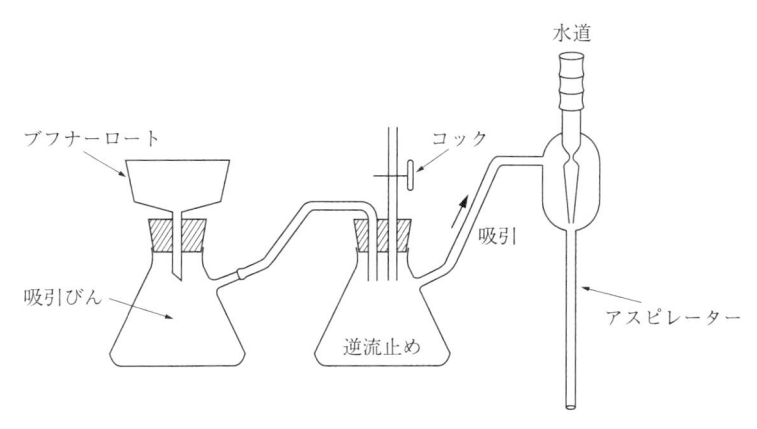

図 **3.10**　吸引濾過の方法

f. 熱 時 濾 過

自然濾過では，濾過している間に液が冷えて結晶が濾紙上に析出してしまうことがある．このような場合には熱時濾過の方法がとられる．

熱時濾過は，図 3.11 のようにして行う．コニカルビーカーに再結晶に用いるのと同じ溶媒を少量入れて加熱し，時計皿でフタをして，溶媒の蒸気でロートおよびひだ付き濾紙をよく暖めておく．加熱溶解した再結晶すべき物質の溶液を数回に分けて手早く濾紙上に注ぐ．濾過している間はコニカルビーカーを加熱し続け，濾液中に結晶が析出してしまったら，濾過終了後に改めて濾液を加熱する．結晶が完全に溶解したら放冷して結晶を析出させる．

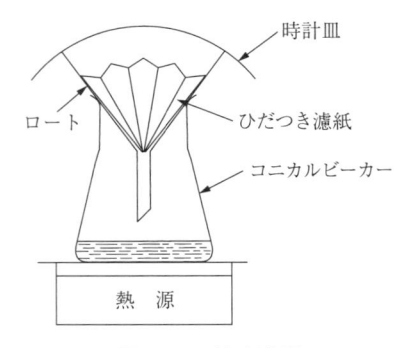

図 **3.11** 熱時濾過

（10） 融 点 測 定

固体物質の融点はその物質に固有の値である．そのため，融点測定は化合物の同定の重要な手段の１つである．ここでは，有機化合物の融点測定で一般的に用いられるヤナコ MP–S3 融点測定装置での測定法を説明する．

測定方法は，試料の保持方法に応じてカバーガラス法と毛細管法の２種類がある．

1） 試料の乾燥

融点測定を行う試料は，十分に乾燥していないと正しい融点を示さない．素焼板を覆うアルミホイルの一部（1×1 cm 程度）をはがし，あらかじめ濾紙などで乾燥した試料（マイクロスパチュラ１杯）をその上でよく粉砕し，微粉末とする．もしくは，デシケータを用いてよく乾燥する．

2） 融点測定装置

融点測定装置を図の通りに組み立てる．ルーペ固定部のねじを緩めてから木枠にはめ，ねじ

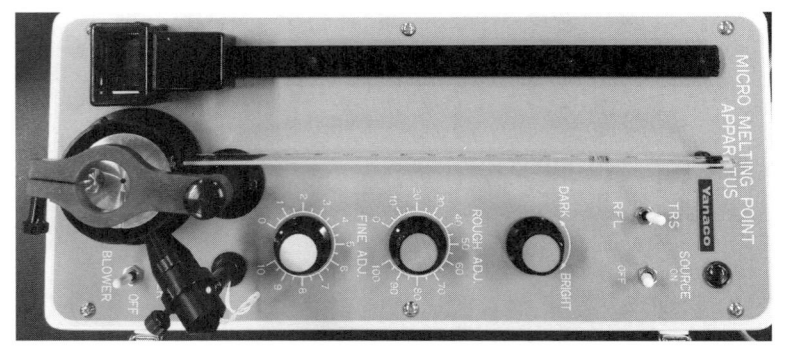

図 **3.12** 融点測定装置

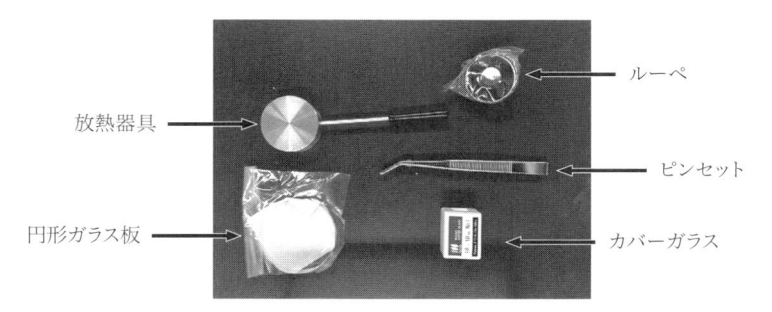

図 3.13　融点測定装置付属品

を軽く締めて固定する．温度計とルーペは破損し易い
ので，くれぐれも事故のないように，丁寧に扱うこ
と．ルーペのガラスレンズ部分および円形ガラス板と
カバーガラスの平面部分には指で触れないこと．

図 3.14　組み立て図

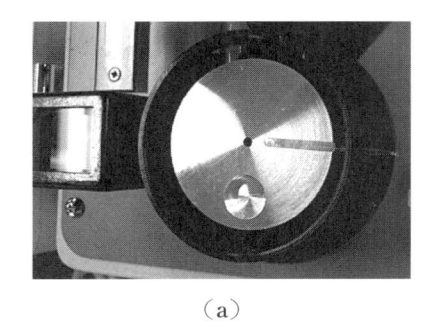

（a）

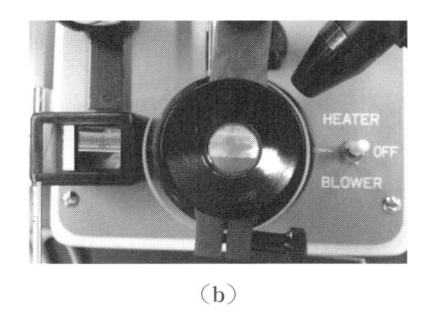

（b）

図 3.15　毛細管使用時の組み立て図

3）　試料調製

a．基本方法（昇華性をもたない試料，カバーガラスを使用）：カバーガラス（18×18 mm）の
中央部に，融点測定試料の細粒を数粒載せ，別のカバーガラスをこれにかぶせる．

b．昇華性をもつ試料（毛細管を使用）：測定中に試料が昇華して失われる場合は，試料を毛細
管中に封入して測定する．バーナーの小炎で融点測定用毛細管の中央部を熱し，柔らかくなっ
たところで炎の中でゆっくり延伸し，切断する．この作業を毛細管 2 本について行うと，元の
半分程度の長さの，一端が閉じた毛細管が 4 本できる．これを冷ましてから，開放端から粉砕
した試料を入れ，閉じた方の端に寄せる．端から 3 〜 5 mm 程度まで詰まった状態とする．
開放端側には試料が残らないようにする．最後にバーナーの小炎で開放端を溶かして密封試料

を得る．

4）測定

　ピンセットを用いて上記で作製したカバーガラスもしくは毛細管を微量融点測定装置 MP-S3 の加熱台の中央にセットし，円形ガラス板でホットプレートを覆う．拡大鏡で試料が見えるように位置を調整する．カバーガラスの場合は，試料が加熱台中央の穴の上に来るようにセットする．毛細管の場合，加熱台の右側面の小さな穴を通して加熱台上の細い溝に挿入する．円形ガラス板（$\phi53$ mm）を加熱台の外枠に載せる．電源スイッチ（SOURCE）を ON にし，ランプ切換スイッチ（TRS-RFL）と輝度調整ツマミ（DARK-BRIGHT）で試料を見やすくする．加熱台右のスイッチを HEATER 側にし，ROUGH ADJ. と FINE ADJ. を適切な位置に合わせて加熱する．右目でルーペを覗き，結晶を観察し，同時に温度計の左側にある可動式の鏡を適切な位置に合わせ，ホットプレート左の鏡に映る温度計の像により，左目で温度を把握しながらホットプレートの温度を徐々に上昇させる．この時におおよその昇温速度を測っておく．結晶の輪郭が丸みを帯び始めた瞬間の温度から固体が完全に溶け切り，全体が液体に変化し切った瞬間の温度までを融点とする．純度が高い場合，通常，溶け始めと溶け終わりの温度差は 1 度以内となる．融点より 10 度程度低い温度から結晶が溶けきるまでの間は，温度の上昇は毎分 1 度未満のペースに調節すること．融け始めと融け終わりの温度を小数点 1 桁まで記録する．

5）終了

　切換スイッチを HEATER から BLOWER にし，円形ガラス板を取って，カバーガラスもしくは毛細管をピンセットで取り除く．加熱台が熱くなっているので注意すること．繰り返し測定を行う場合には，融点より 10 度以上下げてから始める．ホットプレート上がまったく汚染されていないことを確認した後，放熱器具をホットプレートに載せる．10 秒ごとに裏返しながら放熱器具でホットプレートの熱を取り除く作業を，温度が 70 ℃ 以下となるまで繰り返す．ROUGH ADJ. と FINE ADJ. のダイヤルは共に 0 とする．**円形ガラス板が試料で汚染された場合**は，教員に報告し，対応を仰ぐこと．

6）片付け

　測定終了後，使用後のスライドガラスとカバーガラスもしくは毛細管は，ガラスくず入れに捨てる．装置の SOURCE を OFF，電圧調整ツマミ ROUGH ADJ. と FINE ADJ. をそれぞれ 0，HEATER を OFF として片付ける．ルーペのガラス部分に触れないよう，気を付けながら，固定ねじを緩め，慎重にルーペを取り外して，付属品保管用の箱に片づける．金属製ピンセットと円形ガラス板も，元通りに袋に入れ，箱にしまう．

7）融点の表示方法

　融点測定は 2，3 回繰り返し，誤差 1 度以内で測定結果が再現できることを確かめる．測定を繰り返す場合は，測定済み試料を再使用するのではなく，その都度新しいカバーガラスもしくは毛細管に新しい試料を準備する．それぞれ融け始めと融け終わりの温度を小数点 1 桁まで

記録する．この時，平均値を求めず2回の結果をそのまま使用する．

（11）　薄層クロマトグラフィー（TLC）

　薄層クロマトグラフィーを利用すると，物質変換の有無や混合物中の成分の数を容易に確認することができる．

　シリカゲル薄層クロマトグラフィーで使用する TLC 板は，ガラス板の表面にシリカゲルの細粒を薄く層状に塗布して乾燥させたものである．シリカゲルは，表面に細かい穴（＝細孔）を無数にもつ酸化ケイ素である．分析対象とする試料を薄層上の一方の端の近くに微量付着させ，端から適切な溶媒を浸み込ませると，溶媒がシリカゲルの薄層に浸み込んで行くにつれ，浸み込みの先端が他方の端へと徐々に近づく．このとき，微量付着させた試料は，溶媒の流れ（＝浸み込みの進行）に乗って同じ方向へと移動する．

　クロマトグラフィーでは，「固定相」と「移動相」という用語が用いられる．シリカゲル薄層クロマトグラフィーでは，シリカゲルの薄層を「固定相」と呼び，端から浸み込ませる溶媒を「移動相」と呼ぶ．また，「移動相」は，「展開溶媒」とも呼ばれる．このとき，溶質の移動する度合いは，溶質および展開溶媒の両方の性質に依存する．クロマトグラフィーについて正しく理解するには，溶質の移動する度合いが溶質および展開溶媒それぞれの「どのような」性質に依存するのか，ということを正確に理解することが重要である．

　シリカゲル薄層クロマトグラフィーにおける溶質の移動度は，溶質分子上に存在する官能基と，シリカゲルの表面（主としてシリカゲル粒子の表面に存在する水酸基）との相互作用の強さに依存する．「相互作用」とは，分子を「つなぎとめる（≒そこに固定する）」作用なので，溶質の移動に対する「ブレーキ」の作用と捉えることができる．すなわち，溶質分子が水酸基と強く相互作用する官能基をもつ場合は，溶質分子が薄層上を移動する度合いは小さい．一方，そのような官能基をもたない分子の場合は，移動度が大きい．移動度を増大させるには，水酸基との相互作用がより強い溶媒を展開溶媒として用いる．水酸基と強く相互作用する展開溶媒の存在下では，シリカゲル上の水酸基の一部が溶媒分子によって占有され（≒覆い隠され），見かけ上「固定相の水酸基が減った」状態となる．したがって，「減った」分，溶質分子とシリカゲルの表面との相互作用が減る．つまり「ブレーキ」が減るので，溶質分子の移動度が増大する．

　溶媒の先端が到達した距離と溶質が移動した距離との比を，R_f 値という．この値は，固定相と移動相が決まれば溶質それぞれに固有の値となり，溶質を定性分析する上で重要な手掛かりとなる．ただし，R_f 値は，固定相の表面に大気中の湿気に由来する水分子がどの程度吸着されているか，などといった，固定相の表面の微妙なコンディションの違いによっても変化する．このため，R_f 値自体は分析結果を議論する上で「参考程度」にしかならない．このような「実験誤差」によって判断を誤らないためには，同じ1枚のクロマトグラフィー板上で，比較対照試料と同時に分析実験を行い，相対的な移動度に基づいて解析を行うべきである．

$$R_f = \frac{\text{成分の移動距離}}{\text{原点から溶媒先端までの移動距離}}$$

a. 試料の準備

　TLC 板の使用方法例を示す．約 15 mm×60〜70 mm にカットされた TLC 板を 1 枚準備する．一方の端から 10 mm の位置に，鉛筆で薄くラインを描き（この際に TLC 板の薄層を掘らないように注意する），ライン上の両端から 3 mm 以上離れた位置に，等間隔に点を 3 個打つ．毛細管に紙ヤスリでキズをつけ，このキズ口を開くように少し力をかけながらキズの両側から軽く引っ張ると，毛細管をカットすることができる．正しくカットできれば切り口は直角になる（鋭利な刃物で輪切にしたような状態）．切り口に針状の突起が残るようでは失敗である．切り口の形状を，目を凝らしてしっかりとチェックし，直角にカットできてから先に進むこと．

　正しくカットした毛細管の一端を，比較対照試料溶液中に一瞬だけ入れ，毛細管内に約 1 cm 程度，溶液を吸い上げる（1 cm を超えても構わないが，無駄である）．TLC 上に 3 つ打った点のうち，一方の端の点に，溶液を吸い上げた方の端を軽く触れさせると，毛細管から TLC 板上に溶液が染み出し，円形のシミができる．このシミのサイズは小さいほど，分析の精度は向上する．半径 1 mm 以下のシミを作ることを目指してほしい．結果（半径）は精確に測定し，記録すること．

　次に，TLC 上に打った 3 つの点のうち中央の点にも，先程よりも若干小さめのシミを付ける．

　その後，毛細管の，溶液を吸い上げた範囲をカットして捨てる．対照用試料溶液と同じ濃度にした分析試料溶液に，残った毛細管（切り口を直角に整える）の端を一瞬だけ浸し，溶液を 1 cm 程度吸い上げる．次に，TLC 上に打った 3 つの点のうち，先ほどシミを作らなかった残りの 1 点に，この毛細管を触れさせ，同じように半径 1 mm 以下のシミを作る．最後に中央の点に，これより小さいシミを作る．その後，毛細管の，溶液を吸い上げた部分までをカットして捨てる．以上の操作により，TLC 板上の 3 つの点の一方の端には比較対照試料，他方の端には分析試料，そして，中央の点には両方の混合物が配置されたことになる．

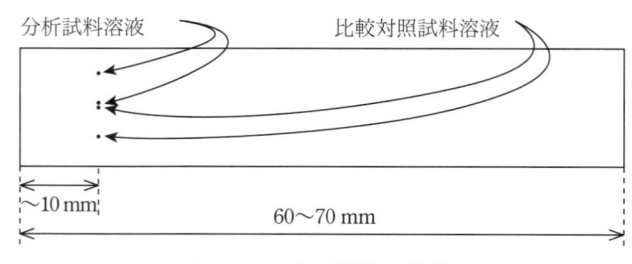

図 3.16　分析試料の準備

b. 展開

展開溶媒（組成をノートに記録する）を展開槽に，深さ 5 mm 程度まで（＝約 2 mL）入れる．試料溶液のシミが下になるように，ピンセットで TLC の一端を持ち，展開槽の底に入れた展開溶媒に TLC の下の端が浸るようにして，展開槽内に TLC 板をたてかける．この時，TLC 板の長い辺が，展開槽の器壁に接することがないように注意する．つまり，TLC の下端と上端の 2 つの短い辺の部分以外は，展開槽に触れてはならない．また，TLC 板上に鉛筆で引いたラインと展開溶媒の液面との間の距離が 3 mm 以上あることを確認する．TLC 板を正しくセットした後，できるだけ速やかに展開槽のフタを閉じ，内部を密閉状態に保つ．TLC 板上を展開溶媒が下から上に向かって浸み込んでいくのが観察できる．よくみると，試料の成分の色も TLC 板上をそれぞれの速度で移動する様子が観察できるかも知れない．

図 3.17　展開槽

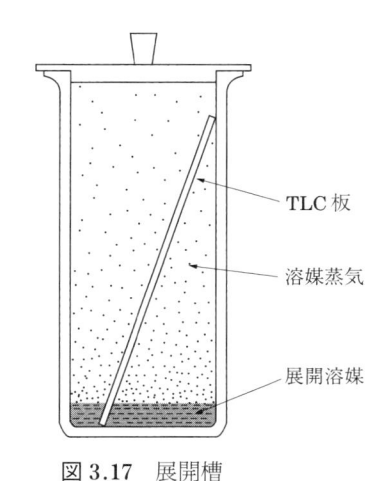

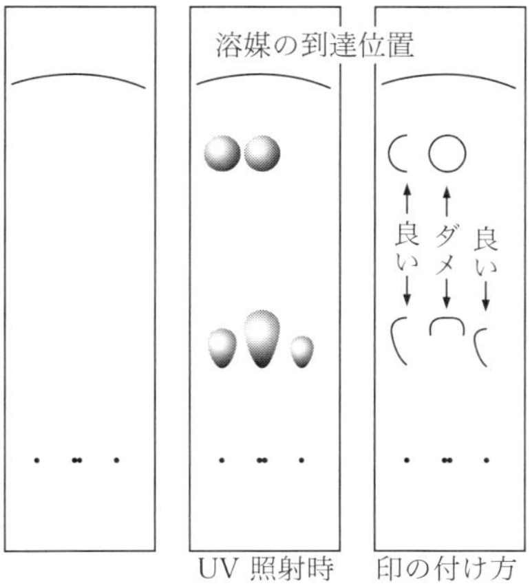

溶媒の到達位置

UV 照射時　　　印の付け方

スポットの位置を記録する時は，輪郭の左右どちらか半分だけなぞる．周囲を一周囲んだり上半分 or 下半分だけなぞるのは誤り．

良い　ダメ　良い

図 3.18　TLC の処理

c. 解析

　展開溶媒の浸み込みの先端が，TLC板の上端から1 cm程度の位置まで到達した時点で，展開槽のフタを開け，ピンセットで慎重にTLC板を取り出す．このとき，展開溶媒の浸み込みの先端がどの位置まで到達したのか，TLC板が乾いてわからなくなる前に溶媒が到達した先端の位置に，鉛筆で素早く薄く線を引く．次に，TLC板をよく乾かしてから，UVランプを照射して，浮き出る像の輪郭の左側半分だけを鉛筆で薄くなぞる．この時，輪郭をすべて鉛筆のラインで囲んでしまうと，鉛筆のラインを引き損なった場合などに本当の輪郭の位置がわからなくなってしまうので，輪郭は絶対に全周をなぞってはならない．

　毛細管を使って最初にシミを付けた位置から展開溶媒が到達した先端の位置までの距離を測定し，L_0とする．次に，最初にシミを付けた位置から，展開によって移動した成分の像の中心の位置まで（より精密には，濃淡の分布を勘案して重心の位置を割り出し，そこまで）の距離を測定し，L_nとする．このとき，この成分のR_f値は，下式により求められる：

$$R_f = \frac{L_n}{L_0}$$

得られた結果から，この試料中の各成分のR_f値を算出する．

参 考 文 献

（融点測定）
James W. Zubrick 著，上村明男訳，研究室で役立つ有機実験のナビゲーター，101-104，丸善（2006）．
飯田隆ら編，イラストで見る化学実験の基礎知識　第3版，58-59，丸善（2009）．

4. 溶 液 の 調 製 法

（1） 概　　要
試薬溶液を調製する場合の溶媒と溶質の組み合わせは非常に多く，それぞれの組み合わせによって具体的に注意すべき事項が異なってくる．しかし，一般に化学分析に用いられる試薬の溶媒は水であって，その溶質の正確な濃度を知っている必要があることが多い．したがって，ここではとくに湿式法による化学分析で使用する溶液の調製法に限って述べる．

（2） 溶 液 の 濃 度
濃度は，一定量の溶液に溶けている溶質の量で表す．

a．物 理 的 表 示 法
溶媒または溶液の一定の体積または重量中に溶けている溶質の重量または体積で表す．

$$\mathrm{ppm}\,(\text{part per million}) = \frac{溶質の重量（g）}{溶液の重量（10^6\,\mathrm{g}）} = \frac{\mathrm{mg}}{\mathrm{kg}}$$

$$\mathrm{ppb}\,(\text{part per billion}) = \frac{溶質の重量（g）}{溶液の重量（10^9\,\mathrm{g}）} = \frac{\mu\mathrm{g}}{\mathrm{kg}}$$

b．百分率濃度（percentage concentration）
重量百分率（%, wt%）：溶液 100 g 中の溶質の重量をいう．

容量百分率（vol%）：溶液 100 cm^3 中の溶質の量（cm^3）をいう．

重量対容量比（w/v%）：溶液 100 cm^3 中の溶質の量（g）をいう．

c．モル濃度（molar concentration, molarity, M, mol dm^{-3}, mol/L）[*1]
溶液の体積 1 L（＝ 1 dm^3）中の溶質のモル数をいう．1 L 中に溶質が 1 モル溶けていれば，その溶液の濃度は 1 M である．このモル濃度は，次の質量モル濃度との混同を防ぐため，容量モル濃度と呼ばれることが多い．逆に，モル濃度と書いてあるときは，容量モル濃度のことを指すと考えればよい．この濃度について注意すべきことは，溶液の体積は温度によって変動するので，たとえば 25 ℃ で調製した 1.00 mol/L の溶液でも，温度が上がって全体の体積が膨張すれば，モル濃度は 1.00 M ではなくなる（小さくなる）ことである．

[*1] この実験書では，モル濃度は M で示している．

d．質量モル濃度（molar concentration, molarity, m, mol kg^{-1}）

溶液の溶媒1kg当たりに溶けている溶質のモル数を表したものである．この濃度表示の利点は，その溶液が膨張や収縮しても，溶媒1kg当たりのモル数は変わることがないので，取り扱いやすいことである．

（3）　試薬溶液の調製法

a．液体試薬の水溶液

濃度の高い溶液を希釈する場合は，必ず溶媒に原液を加えるようにする．とくに硫酸を薄める場合は発熱が激しいので，十分な注意が必要である（3．（5）濃硫酸の希釈の項を参照）．また，アンモニア水などはアンモニアの揮発が速いので，調製後の保存に気をつけなければならない．

市販の液体試薬を希釈して希望する濃度の溶液を作るには，まず試薬の濃度と密度とから希釈率を計算する．たとえば，濃塩酸（約12 M）より6 M塩酸水溶液を作る場合は，12÷6＝2，すなわち2倍に薄めればよい．したがって，50 mLの濃塩酸を水で希釈し100 mLとすればよいのである．

実際の操作は，液体の体積はメスシリンダーではかり，ビーカーで薄め，よく撹拌する．

b．固体試薬の水溶液

試薬の必要量を天秤（上皿）ではかり取り，ビーカーを用いて溶媒に溶かす．少し温めると早く溶ける．水酸化ナトリウムなど溶解する際に発熱する試薬は，体積計の中で溶解させてはならない．また，過マンガン酸カリウム，硝酸銀など褐色の試薬びんに入って市販されている試薬を用いて調製した溶液は，やはり，褐色の試薬びん中に保存する必要がある．

c．標　準　液

容量分析において滴定中に進行する化学反応に関与する1つの成分を，分析上要求される正確さで含む溶液を標準液（standard solution）という．

標準液に基準物質として既知量含まれるものを標準物質と呼ぶ．これの一定量を正確に秤量して水に溶かし，一定体積の溶液とすれば標準液が得られる場合，この物質を一次標準物質（primary standard substance）という．たとえば，中和滴定におけるシュウ酸（$H_2C_2O_4 \cdot 2H_2O$）やスルファミン酸（$HOSO_2NH_2$），酸化還元滴定におけるシュウ酸ナトリウム（$Na_2C_2O_4$）などがそれにあたる．

一次標準物質以外のものを含む標準液を調製するときには，ほぼ希望する濃度の溶液を作り，これを適当な一次標準物質を用いて，直接あるいは間接的に標定する必要がある．

5．吸 光 光 度 法

　テトラアンミン銅イオン $[Cu(NH_3)_4]^{2+}$ の水溶液は深青色を示し，$[Cu(NH_3)_4]^{2+}$ 濃度が高いほどその色は濃くなる．このことから，水溶液中の $[Cu(NH_3)_4]^{2+}$ 濃度を見積もるには，その水溶液の色の濃さをはかればよいことがわかる．一般に，水溶液の色とその濃さは，その水溶液が光を吸収する性質と関係している．

　透明な溶液に光を照射すると，その光は空気と溶液の界面で反射されたり，溶液を透過したり，溶液に吸収されたりする．吸収された光は熱に変わり，消滅する．波長 λ，強度 I_0 の光を透明な溶液に照射したとき，その溶液を照射光と同じ方向に透過してきた光の強度を I とすると，その溶液の透過率 $T(\lambda)$ と吸光度 $A(\lambda)$ は

$$T(\lambda) = \frac{I}{I_0}$$
$$A(\lambda) = -\log_{10} T(\lambda)$$

で定義される．透過率は溶液を光が透過する割合である．透過率は 0 から 1 の値をとり，吸光度は∞から 0 の値をとる．透過率が小さいほど吸光度は大きいため，吸光度は溶液中で光がどの程度減衰するかを示す指標といえる．透明な溶液中で光が減衰する原因には，界面での反射と溶液による吸収がある（コロイド溶液などでは散乱も原因となる）．溶質の濃度と関係しているのはその溶質による吸収であり，その吸光度への寄与は次のように見積もることができる．

　まず，試料溶液に含まれる分子やイオンのうち，注目している溶質（第 1 段落の例では $[Cu(NH_3)_4]^{2+}$）を含まず，それ以外の分子やイオンを含み，それらの濃度が試料溶液と同じ溶液を調製する．この溶液を試薬ブランクという．注目している溶質以外の分子やイオンが照射光を吸収しないことがわかっている場合は，試薬ブランクは単なる溶媒でもよい．次に，試薬ブランクと試料溶液の吸光度を測定する．実際の測定では，溶液を透明な容器（セル）に入れ，セルの横から光を照射して，セルごと吸光度を測定する．試料溶液が入ったセルの吸光度から試薬ブランクが入ったセルの吸光度を差し引くことで，界面での反射の寄与と注目している溶質以外の分子やイオンによる吸収の寄与が差し引かれ，注目している溶質の吸収のみに基づく吸光度が計算できる．実際には，この計算は装置が自動で行ってくれる．

　上記の方法で得た溶質の吸収のみに基づく吸光度 $A(\lambda)$ は，次のランベルト・ベールの法則に従う．

$$A(\lambda) = \varepsilon(\lambda)\, cd$$

　ここで，c [mol L^{-1}] は溶質のモル濃度，d [cm] は光が溶液を通過した距離であり，光路長と呼ばれる．また，$\varepsilon(\lambda)$ [L mol^{-1} cm^{-1}] はモル吸光係数と呼ばれ，物質と照射光の波長で決まる定数である．モル吸光係数を何らかの方法で決定すれば，溶液の吸光度を測定することでその溶質の濃度がわかる．これが吸光光度法である．

　太陽光や蛍光灯などの白い光の下で，人間は物の色を確認している．光の色は光の波長で決まり，1つの波長の光だけからなる光を単色光という．さまざまな単色光が混ざった光は，人間の目には白く見える．したがって，物の色は白い光に含まれる単色光をそれぞれどのような割合で吸収するかで決まる．横軸 λ，縦軸 $T(\lambda)$ のグラフを透過スペクトル，横軸 λ，縦軸 $A(\lambda)$ のグラフを吸収スペクトルという．図5.1と図5.2に [Cu(NH$_3$)$_4$]$^{2+}$ 水溶液の透過スペクトルと吸収スペクトルをそれぞれ示す．[Cu(NH$_3$)$_4$]$^{2+}$ 水溶液は，紫色から青色の光（およそ 380 nm から 500 nm）をよく透過し，緑色から赤色の光（およそ 500 nm から 780 nm）をよく吸収する．このため，この溶液は深青色に見える．また，緑色から赤色の光の吸光度が高いほど色は濃くなる．

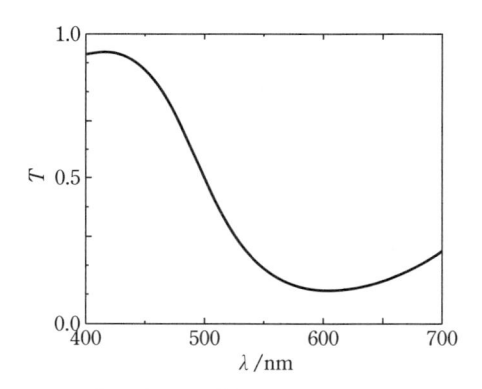

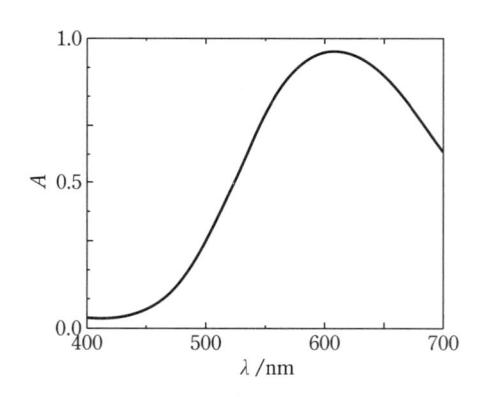

図 5.1　[Cu(NH$_3$)$_4$]$^{2+}$ 水溶液の透過スペクトル　　図 5.2　[Cu(NH$_3$)$_4$]$^{2+}$ の水溶液吸収スペクトル

6. 数値の取り扱い方

（1） 数 値 の 精 度

化学や物理学の計算に出てくる数値は人間が器具を使って測定したものである．したがって，どんなに細心の注意を払ったとしても，測定器具の精度に支配されて，ある限られた精度しかもたない．いま，ここに質量 15.410796… g の物体があったとしよう．この物体を上皿天秤ではかれば 15.4 g という値が得られるはずである．次に小数点以下 2 桁目にどういう数字がくるかは，この天秤の精度ではまったくわからない．つまり，15.4 g という値は，15.4±0.05 g の範囲にあるひとつの質量，という意味である．同様に，この質量を化学天秤（電子天秤）ではかれば，小数点以下 5 桁目の値のまったくわからない 15.4108 g という値，つまり 15.4108±0.00005 g が得られるであろう．

このような測定値の精度の高低を表すのに，有効数字という言い方がある．上皿天秤での測定値は15.4が有効数字であり，化学天秤（電子天秤）での測定値は15.4108が有効数字である．

a． 計 算 方 法

このように限られた精度しかもたない数値どうしを加えたり掛けたりすれば，その答も当然限られた精度の値となる．

1） 加 減 法

加減法の計算の答の小数点以下の桁数は，その計算に使われた数値のうち小数点以下の桁数の最少のものと一致する．

$$X = 171.1\,\text{g}+25.0529\,\text{g}+0.0540\,\text{g} \qquad X = 196.2\,\text{g}$$

（意味）　$X = (171.1\pm0.05)\,\text{g}+(25.0529\pm0.00005)\,\text{g}+(0.0540\pm0.00005)\,\text{g}$

$$= 196.2069\,\text{g}\pm0.0501\,\text{g}$$

2） 乗 除 法

乗除法の計算の答の有効数字の桁数は，その計算に使われた数値のうちで有効数字の全桁数の最少の数値のそれと一致する．

$$X = 101.54\,\text{cm}\times32.4\,\text{cm} \qquad X = 3.29\times10^3\,\text{cm}^2$$

（意味）　　　　　　$101.535\,\text{cm}\times32.35\,\text{cm} < X < 101.545\,\text{cm}\times32.45\,\text{cm}$

$$\therefore \quad 3284.6572\,\text{cm}^2 < X < 3295.13525\,\text{cm}^2$$

b． 能 率 的 な 計 算 法

1）　計算に使う数値の桁数は答の桁数より 1 桁多く（加減法の場合は小数点以下の桁数を 1 桁多く，乗除法の場合は有効数字の全桁数を 1 桁多く）とることが望ましい．

2）　計算の途中でいったん答を出すときは，最終の答の桁数より1桁余分なところまで求める．

3）　数値の丸め方は四捨五入による．ただし，〜5，〜50などを丸めるには，その前の桁が奇数ならば切り上げ，偶数ならば切り捨てる．

（2）　平均値と誤差

どんな実験でも，一定の条件である量を測定した場合，測定のたびごとに毎回完全に同一の値を得るとは限らない．細心の注意を払って行った実験でも，そのたびにデータに多かれ少なかれ差異が生ずるのはごくふつうのことである．測定の結果得られた一連の数値には2種の誤差が含まれる．

第一のものは系統的誤差と呼ばれるもので，補正により除きうるものである．たとえば測定器の目盛（たとえば測容器では公差と呼ばれる誤差が許容されている）や機器の性能，個人の性癖などによる誤差は，補正あるいは回避できるものである．

第二のものは統計的誤差（偶然誤差）であって，系統的誤差を除いたあとにもなお避けることのできないものである．したがって，この誤差は，測定の回数を多くして，その統計的な性質を利用して信頼度を上げる必要がある．

a.　平　均　値

各測定が同じ程度の正確さで行われる場合，平均値がもっとも確からしい値である．N回の測定で得られた数値を$x_1, x_2 \cdots, x_N$とすれば平均値$\bar{x}$は

$$\bar{x} = \frac{\sum x_i}{N}$$

で与えられる．

b.　実　験　値　の　取　捨

また，実際の測定で得られた値の中で，特定の値が平均値より著しくはずれた場合は実験値の取捨を行うことがあるが，その場合は次のような判断が必要になる．

1）　原因が明らかであるとき …… 捨てる．

2）　原因が不明のとき …… 推計学（危険率）を用いて判断する．

c.　信　頼　度

測定値がどの程度まで信頼できるかということは絶対的には定まらない．ある1つの測定値が他に比べてどの程度まで信用できるか，ということをいいうるだけである．この目的のために公算誤差と呼ばれる値が用いられる．公算誤差とは，ある量に対する一組の測定値のうちからその1つを任意に取り出したとき，その誤差の絶対値が公算誤差より大きい確率と小さい確

率がそれぞれ 1/2 になるような値である．

各測定値 x_i の残差 r_i を

$$r_i = x_i - \bar{x}$$

と定義すれば，公算誤差 ε は

$$\varepsilon = 0.6745 \sqrt{\frac{r_1{}^2 + r_2{}^2 + \cdots + r_N{}^2}{N(N+1)}}$$

で与えられる．

d. 誤差の波及

いくつかの測定値 $(X, Y, Z, \cdots)$ から，ある関係式を使って別の量 (R) を求める場合を考える．測定値 $X, Y, Z, \cdots$ がそれぞれ $\Delta X, \Delta Y, \Delta Z, \cdots$ の誤差をもつとき，目的の量 R の誤差は次のように求められる．

1) 測定値の和や差により R が得られる場合

たとえば，$R = aX + bY + \cdots$ の場合，R の誤差 ΔR は
$$\Delta R = \sqrt{a^2 (\Delta X)^2 + b^2 (\Delta Y)^2 + \cdots}$$

2) 測定値の積や商により R が得られる場合

たとえば，$R = aX^m Y^n \cdots$ の場合，R の相対誤差 $\Delta R/R$ は

$$\frac{\Delta R}{R} = \sqrt{\left(m\frac{\Delta X}{X}\right)^2 + \left(n\frac{\Delta Y}{Y}\right)^2 + \cdots}$$

具体的な例が（参考1）にあるので参照すること．

（参考1）　滴定実験における誤差の求め方

有効数字は，測定の精度を表すのに簡単で便利な方法ではあるが，たかだか桁数を問題にしているのみで，誤差を数量的に表現したものとはいえない．種々の測定値からある目的の数値を算出する場合，求めた結果の信頼度を有効数字だけから判断することは不可能なことが多い．ここでは，滴定によって濃度を求める場合についての誤差を考える．

10 mL のホールピペットを用いて濃度未知の HCl 溶液をとり，0.1023 M の NaOH 標準液で滴定したところ，ビュレットの読みは滴定前後でそれぞれ 0.50 mL および 10.85 mL であった．誤差を考慮しながらこの HCl 溶液の濃度を求めてみる．

1) 誤差をはっきりと書き示せば，それぞれの数値は

NaOH 溶液の濃度　　0.1023±0.00005 M（最後の桁を四捨五入している）

HCl 溶液の採取量　　10.00±0.02 mL（10 mL ピペットの公差）

ビュレットの読み　　0.50±0.01 mL（最後の桁は目測）

10.85±0.01 mL（最後の桁は目測）

したがって，滴定に要した NaOH 溶液の量は

$$(10.85-0.50)\pm(0.01+0.01) = 10.35\pm0.02 \text{ mL}$$

その他としてビュレットより滴下するときの1滴の溶液の体積を考える必要[1]がある. たとえば1滴の体積を 0.05 mL とすれば,

$$\text{NaOH 溶液の量は} \quad 10.35\pm0.02\pm0.05 \text{ mL}$$

2) HCl 溶液の濃度 c は

$$c = \frac{(\text{NaOH の濃度})\times(\text{NaOH の滴下量})}{(\text{HCl の採取量})}$$

で求められるから, HCl 溶液の濃度の相対誤差 $\Delta c/c$ は

$$\frac{\Delta c}{c} = \frac{0.00005}{0.1023} + \frac{0.07}{10.35} + \frac{0.02}{10.00} = 0.0092$$

となり, 約 0.9% の相対誤差を含むことになる.

$$c = \frac{0.1023\times10.35}{10.00} = 0.1059$$

であるから, $\Delta c = 0.001$ となる.

3) HCl 溶液の濃度は 0.106 M と有効数字3桁で書くのがこの場合は妥当である.

また, 誤差の大きさを明示する場合は, 0.106±0.001 M と書くことになる.

（3）最 小 二 乗 法

ある物理量 x とある別の物理量 y を測定し, n 組のデータ, (x_1, y_1), (x_2, y_2), $\cdots$, (x_n, y_n), が得られたとする. このデータの x と y の関係をある関数で再現または近似したいとき, 残差の二乗の和を最小にすることでもっとも確からしい関数を得る方法が最小二乗法である. ここでは, その関数を

$$y = ax+b \tag{1}$$

で表される直線として説明する. ここで, a と b は定数である.

測定値に誤差がなければ

$$y_i = ax_i+b$$

が成り立つ. しかし, 実際の測定値には誤差が存在するため, 左辺と右辺の値は異なる. その差

$$\varepsilon_1 = y_1-ax_1-b$$
$$\varepsilon_2 = y_2-ax_2-b$$
$$\vdots$$
$$\varepsilon_n = y_n-ax_n-b$$

を残差 ε_i と定義する. これらの残差の二乗の和 E は

---

[1] 滴定の速度, 器具のばらつきなどによって変化するので, 自分で実際に測定してみるとよい.

$$E = \varepsilon_1{}^2 + \varepsilon_2{}^2 + \cdots + \varepsilon_n{}^2 = \sum_{i=1}^{n} (y_i - ax_i - b)^2$$

と表され，この E を最小にする a と b を決定することで，もっとも確からしい関数（ここでは直線の式）を得る．E が最小になるとき，a, b は

$$\frac{\partial E}{\partial a} = 0, \ \frac{\partial E}{\partial b} = 0$$

を満たす．すなわち，

$$\frac{\partial E}{\partial a} = \sum_{i=1}^{n} -2x_i (y_i - ax_i - b) = 0, \ \frac{\partial E}{\partial b} = \sum_{i=1}^{n} -2 (y_i - ax_i - b) = 0$$

である．これを整理すると

$$\begin{cases} a\sum_{i=1}^{n} x_i{}^2 + b\sum_{i=1}^{n} x_i = \sum_{i=1}^{n} x_i y_i \\ a\sum_{i=1}^{n} x_i + bn = \sum_{i=1}^{n} y_i \end{cases} \tag{2}$$

となり，a と b の連立方程式ができる．これを解くと，

$$\begin{cases} a = \dfrac{n\sum_{i=1}^{n} x_i y_i - \left(\sum_{i=1}^{n} x_i\right)\left(\sum_{i=1}^{n} y_i\right)}{n\sum_{i=1}^{n} x_i{}^2 - \left(\sum_{i=1}^{n} x_i\right)^2} \\[3em] b = \dfrac{\left(\sum_{i=1}^{n} x_i{}^2\right)\left(\sum_{i=1}^{n} y_i\right) - \left(\sum_{i=1}^{n} x_i\right)\left(\sum_{i=1}^{n} x_i y_i\right)}{n\sum_{i=1}^{n} x_i{}^2 - \left(\sum_{i=1}^{n} x_i\right)^2} \end{cases} \tag{3}$$

が得られる．

　例として，表 6.1 に示す 4 組のデータが実験で得られたときを考える．式（2）中のそれぞれの和を表 6.2 のように計算し，式（3）に代入すると，

$$a = 3.02, \ b = 3.5$$

が得られる．この a と b を式（1）に代入することで，表 6.1 のデータを再現するもっとも確からしい直線の式

$$y = 3.02x + 3.5 \tag{4}$$

が得られる．図 6.1 に，表 6.1 のデータを白丸で，式（4）を実線で示す．

　なお，$b = 0$ のとき，直線の傾き a は，式（2）中の上段の式より

$$a = \frac{\sum_{i=1}^{n} x_i y_i}{\sum_{i=1}^{n} x_i{}^2} \tag{5}$$

となる．また，$a = 1$ のとき，切片 b は，式（2）中の下段の式より

$$b = \frac{1}{n} \sum_{i=1}^{n} (y_i - x_i) \tag{6}$$

となる.

表6.1　ある実験で得られた4組の(x, y)データ

x	5	10	15	20
y	18	34	50	63

表6.2　(2)式の計算結果

	x	y	xy	x^2
	5	18	90	25
	10	34	340	100
	15	50	750	225
	20	63	1260	400
和(係数)	50	165	2440	750

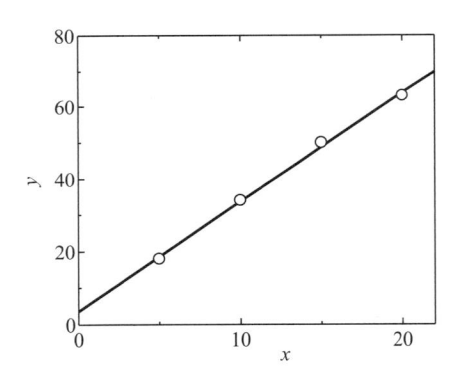

図6.1　表6.1のデータを最小二乗法で直線近似した結果

参 考 文 献

東京大学教養学部化学部会編,　基礎化学実験,　第2版,　14-16,　東京化学同人 (2010).

東京大学教養学部編,　化学実験,　125-127,　東京大学出版会 (1973).

小寺　明編,　物理化学実験法,　2-9,　朝倉書店 (1955).

島原健三他,　化学計算の解釈研究,　149-162,　三共出版 (1976).

一瀬正巳,　誤差論,　1-9,　培風館 (1953).

千原秀昭,　徂徠道夫編,　物理化学実験法　第4版,　281-284,　東京化学同人 (2000).

日本化学会編,　実験化学講座　第4版　1巻基本操作 I,　21-22,　丸善,　(1990).

日本化学会編,　実験化学講座　第5版　1巻基礎編 I　実験・情報の基礎,　403-404,　丸善 (2003).

7. 結果の整理と表し方

　実験を行うとさまざまな結果（データ）が得られる．それらを漫然とレポートに書いて眺めていても，よい考察は書けない．そこで，得られた結果を整理して解析する必要が出てくる．
　次に化学実験においてよく使われる整理のしかたや解析のしかたをいくつか示す．

（1）　データを表や図として表す

　表は結果が色，形，臭いなどの変化で示される定性的な場合に多く用いられる．表示にあたっては表示の目的，一定にとった外的条件などを欄外に簡明に記述することと，表示する数値は欄の最初にその単位を記入することが必要である．
　特別な装置や器具を用いたときは，報告書の中にその簡単な略図を掲げておくのがよい．またクロマトグラフィーや電気泳動の結果を示す図や写真，精製の手順を示すフローチャートなどは，文章でくどくど書くよりはるかによい表現となりうる．一般的にいって，データは表で示すよりも，グラフの形で示したほうがはるかに多くの観察結果を盛り込むことができる．また，結果を把握するには表より図のほうがより容易である．たとえば，実験点がどれほどよく滑らかな曲線にのっているかを見れば，実験のランダム誤差の大きさがある程度わかるであろう．

（2）　データを代数式に当てはめる

　測定の結果はできる限り簡単な実験式にまとめ，理論との関係を検討する必要がある．理論式が与えられている場合は，結果をその式に当てはめ式中の定数を決定する必要がある（最小二乗法）．

（3）　データをグラフ化する

　測定値が理論式に合致しているかどうか調べるにはグラフ用紙に描いてみるのが簡便であるので，実験結果の整理に多用される．一般に利用されているグラフ用紙として方眼紙，片対数方眼紙，および両対数方眼紙があり，このいずれかを使えるように（結果のプロットが直線になるように）理論式を変形する必要がある場合がある．

a．　グラフの描き方（図 7.1 参照）

まず，グラフの描き方の基本的なことを述べる．
1)　グラフを描くときには，グラフ用紙（1 mm 方眼）を使用する．
2)　図番号と表題，項目，単位，条件など必要な情報はすべて方眼の中に書き，周りの余白

には何も書かない．

3）　グラフが用紙の中にできるだけ大きく描けるように縦軸と横軸をしっかり描き，四角で囲んだグラフの領域を示す．適当な間隔で目盛と目盛線を書き入れる．

4）　各軸が何を示すのか判るように項目を書き，次元をもつ量についてはその単位を明示する．

5）　プロットは○，●，□や▲などで大きく書く（3−5 mm 程度）．プロットを結ぶ線は，実験原理に基づき直線，曲線，折れ線などを引く．複数のデータを同一グラフ上に描く場合は，各プロットのシンボル（○や■）がどのデータを示すのかを凡例に書く．

6）　図番号は報告書ごとに通し番号を付ける．表題は内容がわかるように「〜と…の関係」のように書く．これらは，方眼内のグラフの下に書く．

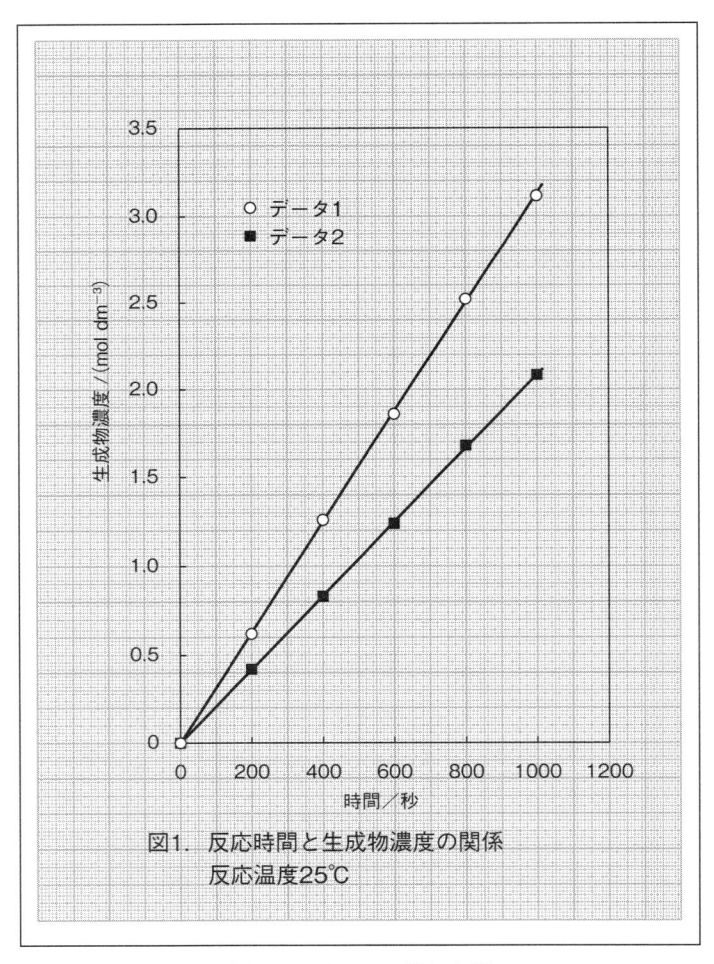

図 7.1　グラフの描き方例

b．グラフ化の目的

ある 2 つの量の関係を調べて一連のデータが得られたとき，それをグラフ化する目的は，大別して次の 2 つである．

1) 理論的にある関係が予想される場合，その妥当性の検証および定数の決定を行う．

2) 2 つの量の関係を単にグラフ化すると曲線が得られる場合が多いが，座標軸のとり方を変えるとグラフを直線化することができる．グラフ化して直線が得られれば，その関係式が 2 つの量の間に成立し，定数 a, b を求めることができる．

表 7.1 に，化学でしばしば用いられる関係式の直線化の方法をまとめておく．

表 7.1　直線化の方法

関係式	直線化した式	縦軸	横軸
$y = ax + b$	$y = ax + b$	y	x
$xy = a$	$y = \dfrac{a}{x}$	y	$\dfrac{1}{x}$
$y = ax^b$	$\log y = b \log x + \log a$	$\log y$	$\log x$
$y = a\mathrm{e}^{bx}$	$\ln y = bx + \ln a$	$\ln y$	x
$y = a\mathrm{e}^{b/x}$	$\ln y = \dfrac{b}{x} + \ln a$	$\ln y$	$\dfrac{1}{x}$
$y = \dfrac{abx}{1 + ax}$	$\dfrac{x}{y} = \dfrac{x}{b} + \dfrac{1}{ab}$	$\dfrac{x}{y}$	x

8.　実　験　ノ　ー　ト

（1）　実験ノートの作り方

　学生実験では，担当の先生の指示に従って実験ノートを作成すること．実験ノートの作り方に決まった形式はない．ここでは，実験ノートを作るときに守るべきルールと注意点を述べる．まず，学生実験専用のノートを用意する．レポート用紙やルーズリーフなどは紛失しやすいので用いない．

a.　実験前：予習

　実験日までに，教員から配布されたプリントと教科書をよく読んで実験内容を予習し，予習内容をノートに記載しておく．原則，実験中に教科書は見ないので，実験ノートだけで実験ができるように記載しておく．記載する内容は，実験手順，用いる試薬の化学式量・沸点・融点あるいは密度などの諸物性値，反応試薬・生成物の物理的・化学的性質，および実験上の諸注意などである．必要最小限の記載にとどめられていることが望ましい．分子量やモル濃度，必要な試薬量などの計算式も書いておくと，結果の整理やレポートの作成時に役立つ．学習のポイントもここで予習しておく．

　予習が不十分で，その都度テキストを読み直したり，用いる試薬類の性質を把握せずに実験を始めたりすることは，実験遅延・事故誘発の原因となる．実験前に十分な計画を立て，正確な観察結果を記録する習慣を身につけよう．

　実験手順の書き方の例を次に示しておく．

[実験手順の書き方の例]　オレンジ II の合成

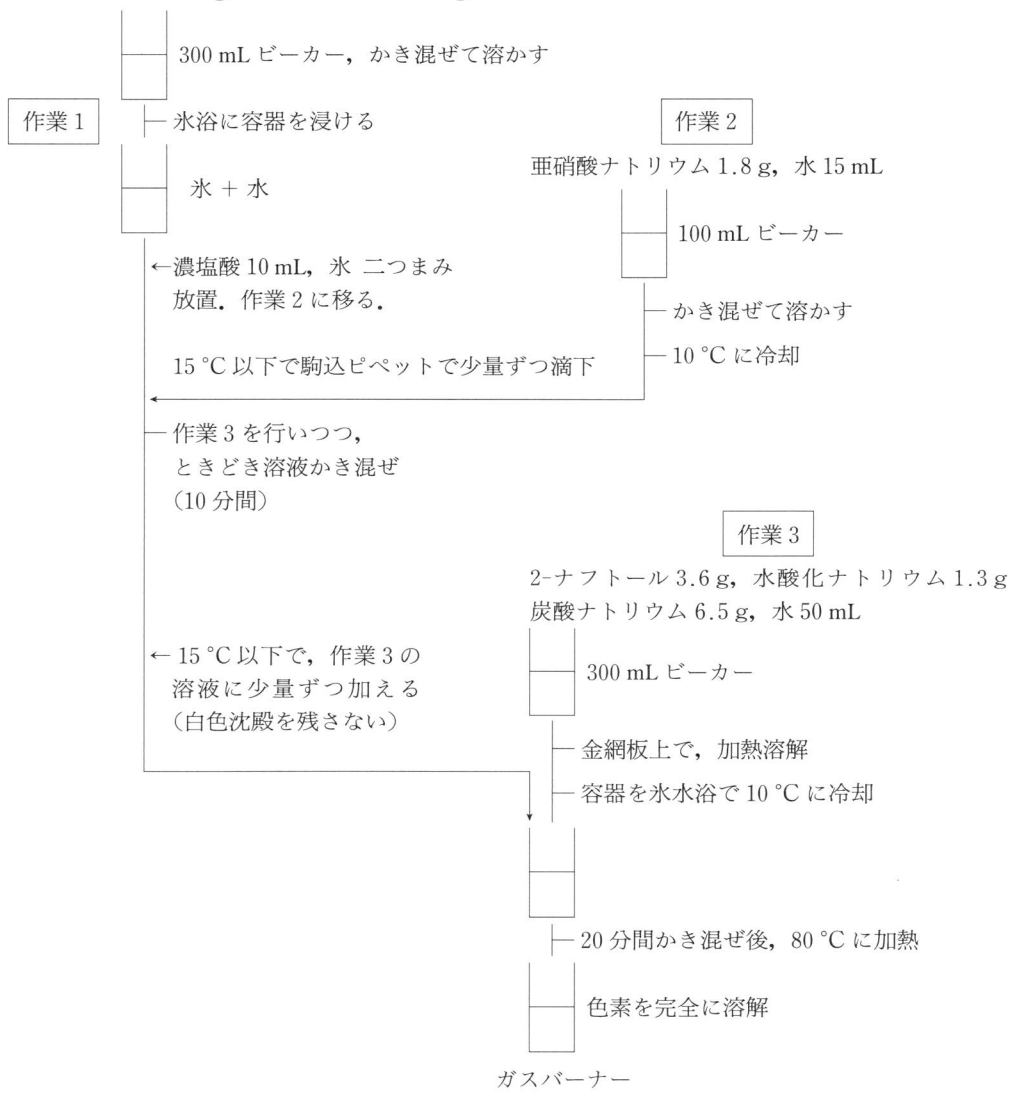

スルファニル酸 4.2 g，炭酸ナトリウム 1.5 g，水 50 mL

300 mL ビーカー，かき混ぜて溶かす

作業 1　├─ 氷浴に容器を浸ける

氷 ＋ 水

←濃塩酸 10 mL，氷 二つまみ
　放置．作業 2 に移る．

15 °C 以下で駒込ピペットで少量ずつ滴下

├─ 作業 3 を行いつつ，
　　ときどき溶液かき混ぜ
　　（10 分間）

←15 °C 以下で，作業 3 の
　溶液に少量ずつ加える
　（白色沈殿を残さない）

作業 2

亜硝酸ナトリウム 1.8 g，水 15 mL

100 mL ビーカー

├─ かき混ぜて溶かす
├─ 10 °C に冷却

作業 3

2-ナフトール 3.6 g，水酸化ナトリウム 1.3 g
炭酸ナトリウム 6.5 g，水 50 mL

300 mL ビーカー

├─ 金網板上で，加熱溶解
├─ 容器を氷水浴で 10 °C に冷却

├─ 20 分間かき混ぜ後，80 °C に加熱
├─ 色素を完全に溶解

ガスバーナー

　　　　　　　　　　　　　　　　　　　　　　以下省略

b.　実験中

　実験ノートは実験を行った証拠であり，レポートを書く際の情報源である．レポートの実験操作と実験結果の節を実験ノートだけを見て書けるように，実験ノートを書く．

　実験ノートはボールペンで書く．鉛筆・消しゴムは使わない．書き間違った場合は，何を間違ったかがわかるように，間違った箇所に二重線を引いて，その上か下に正しい記述を書き直す．これはデータの改ざんを疑われないためである．また，そのとき間違ったと思ったことが

実は正しかったと，後で気づくこともある．

　実験ノートには，実験日と実験時の天候，気温，気圧，湿度を記録する．気温や湿度などが実験結果に影響を及ぼすかもしれないためである．

　実験ノートには，実際に行った実験操作，観察事項や測定値，そのときに考えたことを書く．また，結果を考察したり，レポートにまとめたりするために必要なこと，必要になるかもしれないことを書く．専門分野が同じ他の研究者が読んでも，1年後に自分で読み返してみても，同じ実験を再現できるように，結果や考察の文章が理解できるように，詳しく書く．たとえば，「溶液を $10\,mL$ 測り取った」だけでは不十分である．どのような器具で測り取ったのかも書く．メスシリンダーとホールピペットでは精度が異なるため，器具の違いにより誤差が変わってくるからである．また，反応を $50\,mL$ のビーカー中で行ったのか，$100\,mL$ のビーカー中で行ったのかなども書く．ビーカーの大きさで大気と接触する面積が違い，それが結果に影響を及ぼすかもしれないからである．化学実験を行っているときは，いろいろなことが観察される．実験中は重要と思わなかった観察事項が，後で重要であることに気づく，ということはしばしばある．このため，実験中に気づいたことはすべて書くようにする．

　数値を書くときは，有効数字に注意して書く．たとえば，小数第3位まで表示される電子天秤に $0.560\,g$ と表示されたにもかかわらず，$0.56\,g$ と実験ノートに書いているケースをよく見かける．この場合，最後の桁を書き忘れたのではないか，別の天秤で測ったのではないか，そもそもこの数値は正しいのか，と後で疑わしくなる．最後の桁が0と表示されたら，その0も必ず書くこと．また，電子天秤に表示された数値を暗記し，自分の席に戻ってからノートに書くケースをよく見かけるが，これは絶対にやらないこと．間違いのもとである．実験ノートを電子天秤のところに持っていき，表示された数値を見ながら実験ノートに書き写し，書き間違いがないかよく確認すること．

　実験ノートには，各操作を行った時刻を書く．時刻を書いておけば，どのような順序で実験を行ったかがわかる．また，化学実験では，後で反応時間を知りたくなることがある．たとえば，沈殿反応を行ったとき，開始直後は沈殿ができなかったが，ふと気づくと沈殿ができていた，ということがある．時刻を書いておけば，おおよそどのくらいの時間で沈殿ができたかが，後で計算できる．

　実験ノートの書き方の例を次に示しておく．

[実験ノートの書き方の例]　中和滴定

13：30 ｜ 10 mL のホールピペットを Na_2CO_3 標準液で 3 回共洗いした．

200 mL のコニカルビーカーに，Na_2CO_3 標準液 10 mL をホールピペットで，イオン交換水 ~~50~~ 40 mL をメスシリンダーで，メチルオレンジ 2 滴をピペットで入れた．

ビュレットを 0.1 M の塩酸で 3 回共洗いした．

Na_2CO_3 標準液－塩酸の中和滴定．

ビュレット
の読み/mL　　観察事項

13：45 ｜ 3.46　　　　滴定開始．溶液は薄い黄色．

13.20　　　少し色が濃くなった気がする．

13.24　　　1 滴追加．ほとんど色に変化なし．

13.29　　　1 滴追加．色に変化なし．13.20 のときは気のせいか？

13.70　　　10 滴程度追加．少し色が変わったかもしれない．

13.75　　　1 滴追加．滴下直後オレンジ色に変わったが，撹拌すると黄色に戻った．

13：55 ｜ 13.79　　　1 滴追加．オレンジ色になり，撹拌してもオレンジ色のままだった．滴定終了．

13.79 を終点と判断．

滴定量＝13.79 mL－3.46 mL＝10.33 mL

c．実験後

実験後には，結果の整理と考察を行い，実験ノートに書く．この作業はレポート作成の準備でもある．

測定値は，表や図にまとめて一目でわかるようにする．図は，グラフ用紙やパソコンで作成したものを，のりで張り付けておくとよい．分子量や物質量を計算したり，滴定結果からモル濃度を計算したりする場合は，最終的な値だけでなく，途中の計算式も書いておく．後で計算間違いがないか確認できるようにしておくためである．実験中に観察されたことや疑問に思ったことなどを文献などで調査し，調査でわかったこと（化学反応式や生成物の色など）と参考にした文献を書いておく．文献のコピーを張り付けてもよい．

実験結果に対する自分の意見や考えも書いておく．

9.　レポートの書き方

（1）　レポートの作成を通して身につけるべきこと

　理工系の学生は，将来，卒業論文や修士論文，投稿論文などの学術論文を作成することになる．また，学会などで研究発表を行うときには，発表内容をまとめた講演要旨というものを作成する．学生実験では，学術論文や講演要旨を作成するための基礎を身につけるために，それらと同じ形式でレポートを作成する．

　学術論文や講演要旨はルールに従って書かなければならない．レポートの作成を通して，まず，この<u>ルール</u>を身につけてほしい．次に，実験の原理，実験で行った操作，観察したこと，結果の解析手順などを，正しい用語を使って，あいまいさなく，簡潔に説明する<u>作文技術</u>を身につけてほしい．そのような文章を書くためには，用語の定義，法則の意味，実験器具の用途や実験操作の意義などを正確に理解しておく必要がある．このような化学と化学実験に関する<u>正確な知識</u>も，レポートの作成を通して身につけてほしい．

（2）　レポートの作成で心がけること

　レポートの作成では，次の4つを心がけること．

　1つめに，<u>実験の内容や原理をよく理解すること</u>．理解していなければ文章は書けない．これは当たり前のことであるが，おかしな文章になる原因のほとんどはここにある．

　2つめに，<u>教科書やインターネット，他人のレポートなどの文章を丸写ししないこと</u>．教科書などの文章を参考にすることは大いに結構であるが，その場合は，文章の意味を正しく理解し，自分のレポートに合った表現に直して使うこと．そうしないと，必要な説明が抜けたり，余分な説明が入ったり，支離滅裂な文章になったりする．

　3つめに，<u>レポートが一通り完成したら，最初から読み返すこと</u>．レポートが完成しても，漢字の誤変換，インデントのずれ，句読点の間違い，表の途中でページが変わっているなど，必ずミスが残る．可能な限り何度も読み返して，これらのミスをなくすこと．

　4つめに，<u>読者に労力を使わせないこと</u>．これは，レポートに限らず，人に何かを説明する文章を書く上でもっとも心がけるべきことである．そのためには，まず，ルールに従い，体裁の整った文章を作成する．体裁の整っていない文章は読みにくく，理解するのに労力を使うからである．また，文章を読みやすくするためには，次の3点に注意するとよい．

● 必要十分な記述にとどめ，同じことを繰り返さず，簡潔に，できるだけ短く書く．

● 説明の順序や文章を工夫し，前を読み返さなくても理解できるようにする．

● 主観的な表現，抽象的な表現，複数の意味にとれる表現など，あいまいな表現をしない．

ただし，このような文章を書けるようになるには，かなりの経験が必要である．

（3）　レポートの構成

　レポートは，タイトル，本文，図，表，文献リストから構成される．本文は，「目的」，「原理」，「実験」，「結果」，「考察」の節に分ける．「原理」や「考察」を入れない場合もある．

　「目的」には，その実験でどのような情報を得たのか，何を作ったのかなど，読者に伝える価値があることを現在形で書く．「測容器具の使い方を覚える」や「測定の原理を理解する」などは，学生個人にとっては価値のあることであるが，読者に伝える価値があることではないので，ここには書かないこと．

　「原理」には，「結果」や「考察」の節で必要になる用語の定義や解析方法などを書く．参考にした文献などの引用を忘れないこと．「結果」や「考察」では，適宜，「原理」で説明した用語や式などを使って説明することになる．

　「実験」には，実際に実験で行った操作を過去形で書く．教科書に書いてある予定の操作を書くのではなく，実験ノートに書いたことを整理して書く．化学の知識がある人であれば誰でもその実験を再現できるように書く．

　「結果」には，観察したこと，測定値，誰がやっても同じ結果になる計算（濃度計算など）とその説明を書く．計算手順は実験ノートに書き，読者が容易に理解できるように説明の仕方や順序をよく検討してからレポートに書くこと．

　「考察」には，実験結果，文献で調べたこと，化学の常識などに基づいて，自分が考えたことを書く．

（4）　文献リストと文献の引用

　レポートでは，教科書などを参考にして「原理」の文章を書いたり，実験で得られた数値を文献の値と比較して考察したりする．このとき参考にした文献には，レポートに書かれている順序で番号をつける．それぞれの番号の文献が何であるかは，レポートの最後につける文献リストにまとめて記載する．文献リストには，文献番号と次の情報を番号順に箇条書きで書く．

- 本の場合：著者などの名前，「書名」，出版社名，ページ数，（出版年）．
- 論文の場合：著者名，「タイトル」，雑誌名，巻数（太字），最初のページ，（発表年）．
- URL の場合：ウェブサイト名，URL，（閲覧した日付）．

　文献を引用した箇所には，その文献の番号を文章中に記載する．記載の方法には，[1] のように番号を [　] で囲ったり，[2] のように，番号を上付きにしたり，さまざまな方法がある．

（5）　図　と　表

　測定データのグラフ，分子の構造式，試料の写真，実験装置の概略図などは，図としてレポ

ートに掲載する．グラフの描き方は本書の第7節を参考にせよ．

正確な数値を示す必要がある場合は，表としてレポートに掲載する．特に，同じ種類のデータが複数ある場合に表にまとめることが多い．たとえば，同じ滴定を3回行った場合や，濃度が異なる溶液をいくつか調製し，それぞれの溶液の pH を測定した場合などである．

図と表にはタイトルをつける．タイトルは，「図1」，「表1」といった通し番号と，それに続く簡単な説明からなる．図のタイトルは図の下，表のタイトルは表の上に書く．

本文中には図や表の説明を入れる．「図1は…を示す」，「…を表1に示す」などの説明を本文に書き，読者をその図や表に誘導する．読者は本文を読み進め，「図1は…を示す」といった文章を読んで初めて図1を見る．このため，その説明が本文にないと読者は図1を見ることなくレポートを読み終えてしまうかもしれない．また，図や表から読み取れることがあれば，本文に書く．たとえば，

図1から吸光度は濃度にほぼ比例していることがわかる．

などと書く．

（6）　観察結果の書き方

実験を注意深く観察し，観察したことを詳しく実験ノートに記録することは，研究において非常に大切である．その観察結果が，結果を考察するヒントになったり，新しい研究のアイデアにつながったりするからである．

化学実験では化学反応によるさまざまな変化を観察することが多い．たとえば，溶液の色が変化したり，沈殿が析出したり，臭いがついた気体が発生したり，発熱によりビーカーが熱くなったりする．レポートでは，このような観察結果を「結果」に書く．書き方の例を次に示す．

アルミホイルを塩酸に入れると，アルミホイルが溶け，同時に無色の気体が発生した．このとき，ビーカーを触ると熱くなっていた．

観察結果は人間の五感でわかることのみを書き，余計な考察が入らないように注意する．たとえば，上の例で，「無色の気体が発生した」を「水素が発生した」と書いてしまうと，考察が入っていることになる．なぜなら，その気体が水素であることを目で確認できるはずがないし，水蒸気も含まれているかもしれないからである．化学の知識があればその気体に水素が含まれることは容易に想像できるが，想像したことは「結果」ではなく，「考察」に書かなければならない．

（7）　計算手順の書き方

化学実験では，測定値を使ってモル濃度や収率などを計算する．レポートでは，その計算手

順を文章と計算式を使って説明する．教員はレポートを通して学生の理解度をチェックしているので，学生は自分の理解度が教員に伝わるように文章を書かなければならない．その書き方の例を次に示す．

> 塩化ナトリウム NaCl 9.994 g を容量 100 mL，公差±0.10 mL のメスフラスコに入れ，イオン交換水に溶かして定容した．NaCl のモル質量は 58.44 g/mol なので，この水溶液の NaCl のモル濃度は

$$\frac{\dfrac{9.994\ \mathrm{g}}{58.44\ \mathrm{g/mol}}}{100.0\ \mathrm{mL}} = 1.71013\cdots\ \mathrm{mol/L} \approx 1.710\ \mathrm{mol/L}$$

と計算される．

　上の例では，どういった量を使って，どういった式で，何を計算したのか，が正しい用語であいまいさなく，簡潔に書かれている．このような文章が書ければ，公差，定容，モル質量，モル濃度といった化学の専門用語を理解し，使いこなせていることが教員に伝わる．
　計算手順の説明は次の 4 つに注意して書く．

● 計算式は文章の途中に入れず，独立した 1 行で書く．
● それぞれの物理量には単位をつける．
● 計算式の中に出てくる物理量の意味を文章中で説明する．
● 長い式を書かない．

　式を 1 行で書くと，式が目立って読みやすい．物理量に単位がついていなかったり，物理量の意味が説明されていなかったりすると，その物理量が何であるかがわからないし，何を計算しているのかもわからない．物理量の意味が，たとえば，「実験」に書いてあるとしても，計算の説明のところにも書いたほうがよい．これは，「実験」に戻ってその数値の意味を探させるという労力を読者にかけさせないためである．また，式が長く，その中に物理量がたくさんあると，読者はその計算式の意味を理解するのに苦労する．そういった場合は式をいくつかに分ける．上の例も NaCl の物質量の計算式とモル濃度の計算式の 2 つに分けて書いてもよい．式を分けると説明が長くなるが，説明を短くすることよりも，わかりやすくすることのほうを優先しなければならない．

（8）段　　落
　レポートに限らず，文章は段落に分けて作成するものである．段落を変えることで話題が変わったことを読者に伝え，分かりやすい順序で話題（段落）を並べることで話を展開していく．これが基本的な文章の書き方である．
　段落を変える場合は，改行して文章のはじめを 1 文字下げる．しかし，字下げがなかった

り，文が終わるごとに改行したり，途中に空白の行を入れたりして，どこが段落かわからない
レポートをよく見かける．このようなレポートを書く学生は，段落の役割とその重要性をよく
理解すべきである．

（9）　レポートの書き方のルール

　学術論文のルールには，必ず守らなければならないものと，雑誌社や学会などで決められて
いるものがある．前者には，物理量の書き方や図・表の描き方，段落の作り方などがあり，後
者には，文字のフォントやサイズ，上下左右のマージン，通し番号の振り方，文献リストの書
き方などがある．

B

基本実験

　基本実験では，高校で化学実験を行っていない学生が多いことから，化学実験操作になれることを第一の目的とした実験を行う．

　最初に定性分析を通して，われわれになじみの深い陽イオンについて，その水溶液中での化学反応を学ぶ．次いで，化学反応の化学量論的な関係をもとに，容量分析（滴定分析）で，食酢中の酢酸含有量やしょうゆ中の食塩含有量など，われわれになじみの深いものについて分析する．

I. 無 機 定 性 分 析

　定性分析とは試料がどのような成分からなるのかを調べる実験である．これに対して，ある成分がどの程度含まれるかを量的に明らかにするのが定量分析である．したがって，未知試料の化学分析では，一般にはじめに定性分析を行い，次いで定量分析を行う．

　現在，未知試料の定性分析では，通常，発光分光分析法や蛍光 X 線分析法などの機器分析法で構成元素を同定する．また，固体試料では粉末 X 線回折法で結晶性成分の同定を行い，試料中に含まれる主成分元素やその化学種を明らかにする．

　一方，歴史的に見ると，これらの機器分析法がなかった時代には，試料中に含まれるさまざまな成分を相互に化学的に分離し，特定の元素に特異的に起こる化学反応を利用して定性分析を行う，いわゆる系統的な分離分析法が長い間用いられてきた．この定性分析法は水溶液内でのさまざまな化学反応を利用するものであり，その反応についての十分な知識がないと満足のいく結果が得られない．逆にいえば，この系統的な分離を利用した定性分析法は，水溶液内での化学反応を自分の目を通して理解するのに非常に適した実験である．この定性分析実験は19 世紀中頃，ドイツの化学者リービヒ（Liebig）が学生に課して以来引き継がれ，大学の化学系学科では今日でも実験を行っているところが多い．群馬大学でも，工学部化学系の学生は，2 年次に，週 2 回の実験で 3〜4 週間かけて無機定性分析実験を行っている．

　本実験では，化学系以外の学生が履修する実験であることを考慮し，主要な陽イオンについてのみ，水溶液中での基本的な化学反応について学ぶ．さらに，簡単な系統的な分析法を通して，個々のイオンの化学的性質の違いを自らの目をもって確認する．

　系統的な分離を利用する無機定性分析法はいくつかあるが，基本は溶液中に含まれるイオン

表 1.1　陽イオンの分属表[1]

属	第 1 属	第 2 属	第 3 属	第 4 属	第 5 属
分属試薬	HCl	H_2S[2]	アンモニア水[3]	$(NH_4)_2S$[4]	$(NH_4)_2CO_3$
所属イオン	Ag^+, Pb^{2+}, Hg_2^{2+}	Bi^{3+}, (Pb^{2+}) Cu^{2+}, Cd^{2+}, As^{3+}	Fe^{3+}, Cr^{3+}, Al^{3+}	Ni^{2+}, Co^{2+}, Mn^{2+}, Zn^{2+}	Ba^{2+}, Sr^{2+}, Ca^{2+}

注 1)　アルカリ金属イオンや Mg^{2+}，アンモニウムイオンは分属操作を行わず，未知試料溶液について個別に確認反応を行う．これらのイオンは第 6 属として分類することもある．
　　2)　塩酸酸性条件下．
　　3)　塩化アンモニウム溶存下．
　　4)　アンモニアによる塩基性条件下．

を適当な沈殿剤（分属試薬）を用いていくつかのグループに分け（分属），さらに個々のイオンに分離し，最後に個々のイオンに特異的に起こる反応を利用してその存在を確認するものである．

表1.1に分属試薬と所属イオンの一例を示す．

I.1　陽イオンと各種試薬との反応

次の 11 種の陽イオンについて，塩酸，硫酸，硫化水素，硫化アンモニウム，アンモニア水，水酸化ナトリウムとの反応を観察する．

Ag^+,　Pb^{2+},　Cu^{2+},　Fe^{3+},　Al^{3+},　Ni^{2+},　Zn^{2+},　Ba^{2+},　Ca^{2+},　Mg^{2+},　NH_4^+

（1）　実 験 操 作

共通実験台に置かれた試薬びんから各金属イオンを含む水溶液約 10 滴をそれぞれ別の試験管にとり，水で約 2 mL とした水溶液について以下の指示に従って実験し，その変化を観察する（試験管にあらかじめ約 2 mL の水を入れ，その位置を確認しておくとよい）．

1）　塩酸との反応

それぞれのイオンを含む水溶液に 6 M HCl を 1 滴ずつ加え，その都度軽く振り混ぜる．10 滴程度まで加える．

2）　硫酸との反応

それぞれのイオンを含む水溶液に 3 M H_2SO_4 を 1 滴ずつ加え，その都度軽く振り混ぜる．10 滴程度まで加える．

3）　硫化水素との反応

それぞれのイオンを含む水溶液に 6 M HNO_3 を 3 滴加えて酸性にした後，ドラフト内でキップの装置で発生させた硫化水素ガス[*1] を約 30 秒ずつ吹き込む（次の試験管に硫化水素を吹き込むときには，一度イオン交換水で必ずガラス管を軽くすすぐこと）．

4）　硫化アンモニウムとの反応

それぞれのイオンを含む水溶液に 6 M NH_3 を 5 滴加えて軽く振り混ぜ塩基性にした後，$(NH_4)_2S$ 溶液（5 倍希釈）を 10 滴程度まで加える．

5）　アンモニア水との反応

それぞれのイオンを含む水溶液に 6 M NH_3 を 1 滴ずつ加えては軽く振り混ぜ，10 滴程度まで加える（Ag^+ については 1 M NH_3 を 1 滴ずつ加えて界面を観察する）．

6）　水酸化ナトリウムとの反応

それぞれのイオンを含む水溶液に 6 M NaOH 水溶液を 1 滴ずつ加えては軽く振り混ぜる．10 滴程度まで加える．沈殿が生じたものについてはさらに 6 M NaOH を 10 滴ほど加え，沈殿の溶解現象の有無を観察する．

[*1] 硫化水素の代わりに硫化アンモニウムを使用する場合もある（十分酸性であること）．

（2） 課 題

化学反応が生じたイオンについては，それぞれの変化を化学反応式で示せ．

I.2　陽イオンの確認反応

　イオンは特定の試薬とそのイオン特有の化学反応を示すことから，その存在を知ることができる．本実験では，実験目的の混合溶液から分離されたと仮定したモデル試料により，各イオンの確認・同定法を学習し，変化の様子を視覚を通じて観察する．

（1）　実　験　操　作

共通実験台に置かれた試薬びんから金属イオン 10 滴を試験管にとり，イオン交換水で約 2 mL とした水溶液について以下の指示に従って実験し，その変化を観察する．

1) NH_4^+

　① 試料溶液に 6 M NaOH を加え，塩基性にする．沈殿があれば，これを濾過する．濾液または溶液にネスラー試薬を加えると，褐色沈殿を生じる．

2) Ag^+

　① 試料溶液に 6 M HCl を 10 滴加える．溶液が酸性であることを確認後，加温する．上澄み液にさらに 6 M HCl を 1 滴加えても沈殿を生じなければ静置する．上澄み液を除き，よく振りながら溶液が塩基性を示すまで沈殿に 6 M NH_3 を滴下すると，沈殿が溶解する．この溶液に 6 M HNO_3 を溶液が再び酸性になるまで加えると，白色沈殿が再度生じる．

　② 試料溶液に 0.5 M K_2CrO_4 を滴下すると，赤褐色の沈殿が生じる．

3) Pb^{2+}

　① 試料溶液に 6 M CH_3COOH を数滴加えた後，0.5 M K_2CrO_4 数滴を加える．黄色の沈殿が生じる．

　② 試料溶液に 3 M H_2SO_4 を数滴加えると，白色沈殿を生ずる．

4) Cu^{2+}

　① 試料溶液に 6 M CH_3COOH を数滴加えて酸性とし，0.025 M $K_4[Fe(CN)_6]$ を滴下すると，赤褐色沈殿を生じる．

　② 試料溶液に塩基性を示すまで 6 M NH_3 を加えると，溶液が濃青色になる．

5) Fe^{3+}

　① 試料溶液に 0.025 M $K_4[Fe(CN)_6]$ を滴下すると，紺青色の沈殿を生じる．

　② 試料溶液に 0.1 M KSCN 数滴を加えると血赤色になる．

6) Al^{3+}

　① 試料溶液に 6 M CH_3COOH を数滴を加えた後，0.2％アルミノン溶液 1 mL を加え温めると，赤色レーキを生じる．

7)　Ni^{2+}

　① 試料溶液を数滴の 6 M NH_3 で塩基性にしてから（溶液の色の変化に注意），1%ジメチ
　　 ルグリオキシム－エタノール溶液 1 mL を加えると紅色の沈殿が生じる.

8)　Zn^{2+}

　① 試料溶液に 0.025 M $K_4[Fe(CN)_6]$ を滴下すると白色の沈殿を生じる.

　② 試料溶液に数滴の 6 M NH_3 を加えて塩基性にしてから，$(NH_4)_2 S$ 溶液（5 倍希釈）を
　　 数滴加えると白色沈殿が生じる.

9)　Ba^{2+}

　① 試料溶液に 0.5 M $(NH_4)_2SO_4$ を 1 mL 加えると，白色沈殿を生じる.

　② 試料溶液に 6 M CH_3COOH および 0.5 M K_2CrO_4 をそれぞれ数滴加える．黄色の沈殿
　　 を生じる.

10)　Ca^{2+}

　① 試料溶液に 6 M NH_3 数滴を加えた後，0.25 M $(NH_4)_2C_2O_4$ シュウ酸アンモニウムを
　　 1 mL を加えて放冷すると，白色沈殿が生じる.

　② 試料溶液に 0.5 M Na_2HPO_4 を 1 mL 加える．しばらくすると白色沈殿が析出してく
　　 る.

11)　Mg^{2+}

　① 試料溶液に 0.5 M Na_2HPO_4 を 1 mL，濃アンモニア水を 1 mL 加え強くかき混ぜる
　　 と，白色沈殿を生じる（Mg が少量だと沈殿生成に時間がかかる．器壁をこすり，結晶
　　 成長を促進する）.

　② 試料溶液に 0.1%マグネソン試薬を数滴加え，6 M NaOH で塩基性にすると青色沈殿
　　 を生成する.

（2）課　　題

それぞれの変化を化学反応式で表せ.

I.3　陽イオンの系統分析

（NH$_4^+$, Ag$^+$, Pb^{2+}, Cu^{2+}, Fe^{3+}, Al^{3+}, Ni^{2+}, Zn^{2+}）

（1）目　的

陽イオンの各個反応や確認反応の結果を利用すると，未知の試料溶液に含まれる金属陽イオンを系統的に分析することができる．ここでは，与えられた未知試料中に含まれる陽イオンを明らかにし，誤った結果に至った場合にはその原因を探ることを目的とする．

（2）実験方法

操作1　NH$_4^+$ の検出

配布された未知試料から約3 mL を試験管にとり，イオン交換水で倍にうすめ，6 M NaOH 1 mL を加えて十分に塩基性とする．沈殿を生じれば，50 mL ビーカーに濾過する．濾液または溶液にさらに1滴の6 M NaOH を加え新たに沈殿を生じなければ，ネスラー試薬を数滴加える．赤褐色の沈殿を明確に生じれば，NH$_4^+$ が存在する証拠である（ネスラー試薬自身わずかに黄色に着色していることに注意）．

操作2　系統分析

操作1の残りの溶液にイオン交換水を加えて液量をおよそ2倍にしてから，以下の実験を行う．

実験に関連した注意を要する操作	
沈殿の注ぎ落とし	H$_2$S の除去確認（酢酸鉛試験紙*1）
沈殿の洗浄	沈殿溶解の繰り返し操作

*1 濾紙を細長く切り，酢酸鉛溶液をしみ込ませる．使用時に乾燥している場合は，水一滴でしめらせて使用する．

注意事項

1) 沈殿 N を生成する操作で沈殿 N が生じなければ，沈殿 N に関するそれ以後の操作は行わなくてよい．しかし，Pb^{2+} は沈殿1で塩化物沈殿をまったく生じなくても，沈殿3で硫化物沈殿を生じることが少なくない．

2) 2つの検出確認法が記されているものは，双方とも確認されることが望ましい．しかし一方の確認操作が明瞭であれば，検出されたと判断して差し支えないことが多いが，注意を要する．

3) 金属硫化物を沈殿させるために，H$_2$S や（NH$_4$）$_2$S，Na$_2$S が用いられる．いずれの場合にも，金属硫化物の沈殿生成は溶液の pH に大きく依存するので，溶液の酸性・塩基性をしっかりと調べることが重要である．

未知試料溶液

— 6 M HCl 3 mL を加える．白色沈殿を数分間加熱，冷却，ろ過．沈殿がなければろ液 1 へ．

沈殿 1
— ろ紙上に，2～3 滴の 6 M HCl を含む水 5 mL を注いで洗う．洗液は棄却．
— ろ紙上の沈殿に熱湯 10 mL を注ぎ，PbCl$_2$ を溶解する．
— ろ液を熱し直してろ紙上に注ぐ（2 回繰り返し）．

ろ液 1 この溶液に（NH$_4$）$_2$ S 溶液（5 倍希釈）10 mL をよくかき混ぜながら 1 滴ずつ加え，加熱・冷却後，生じた沈殿を濾過する（溶液が塩基性にならないように注意する．もし塩基性になったときは 6 M HCl を加えて酸性に戻す）．
— 沈殿がない場合にはろ液 4 へ．

残留物
— 2 M NH$_3$ 10 mL をろ紙上に注ぎ沈殿を溶解．
— ろ液をろ紙上に戻しろ過（繰り返す）．

ろ液 2
— 液を二分する．

ろ液 3
— 6 M HNO$_3$ 酸性で白色沈殿生成．

$\boxed{\text{Ag}^+ \text{存在}}$

① 3 M H$_2$SO$_4$ で白色沈殿生成．

② K$_2$CrO$_4$ 数滴で黄色沈殿生成．

$\boxed{\text{Pb}^{2+} \text{存在}}$

沈殿 3 沈殿に温水を注ぐ．
— 洗液は棄却．6 M HNO$_3$ 10 mL で沈殿をカセロール中に注ぎ落とし，ドラフト内でかき混ぜつつ 1 分間煮沸．
— 加熱停止．9 M H$_2$SO$_4$ 6 mL を加え再び煮沸濃縮（黒色沈殿が黄色油状物に変わるまで）．
— 冷却．水 10 mL を加え放冷後ろ過．
— カセロール中に水 10 mL を加えて再びろ過（白色沈殿を見逃さないよう注意）．
— 沈殿を水 10 mL で洗う．洗液は棄却．

ろ液 4
— 煮沸後，（NH$_4$）$_2$ S 溶液（5 倍希釈）を沈殿が新たに生じなくなるまで滴下する（酸性を確認）．ただし，加えすぎないこと．
沈殿はろ過して沈殿 3 と合体．
沈殿なしと上のろ液は，溶液 1 へ．

$\boxed{\text{溶液 1}}$

沈殿 4
— ろ紙上に温 3 M CH$_3$COONH$_4$ 10 mL を注ぎ沈殿を溶解（ろ液を繰り返し注ぐ操作）．

ろ液 6
— 6 M CH$_3$COOH で酸性にしてから K$_2$CrO$_4$ 数滴を加えると黄色沈殿生成．

$\boxed{\text{Pb}^{2+} \text{の存在}}$

ろ液 5
— 6 M NH$_3$ で塩基性にする（濃青色になるまで．pH 試験紙で確認する）．
— 6 M CH$_3$COOH で酸性に戻す．数滴の K$_4$[Fe（CN）$_6$] で赤褐色沈殿生成．

$\boxed{\text{Cu}^{2+} \text{の存在}}$

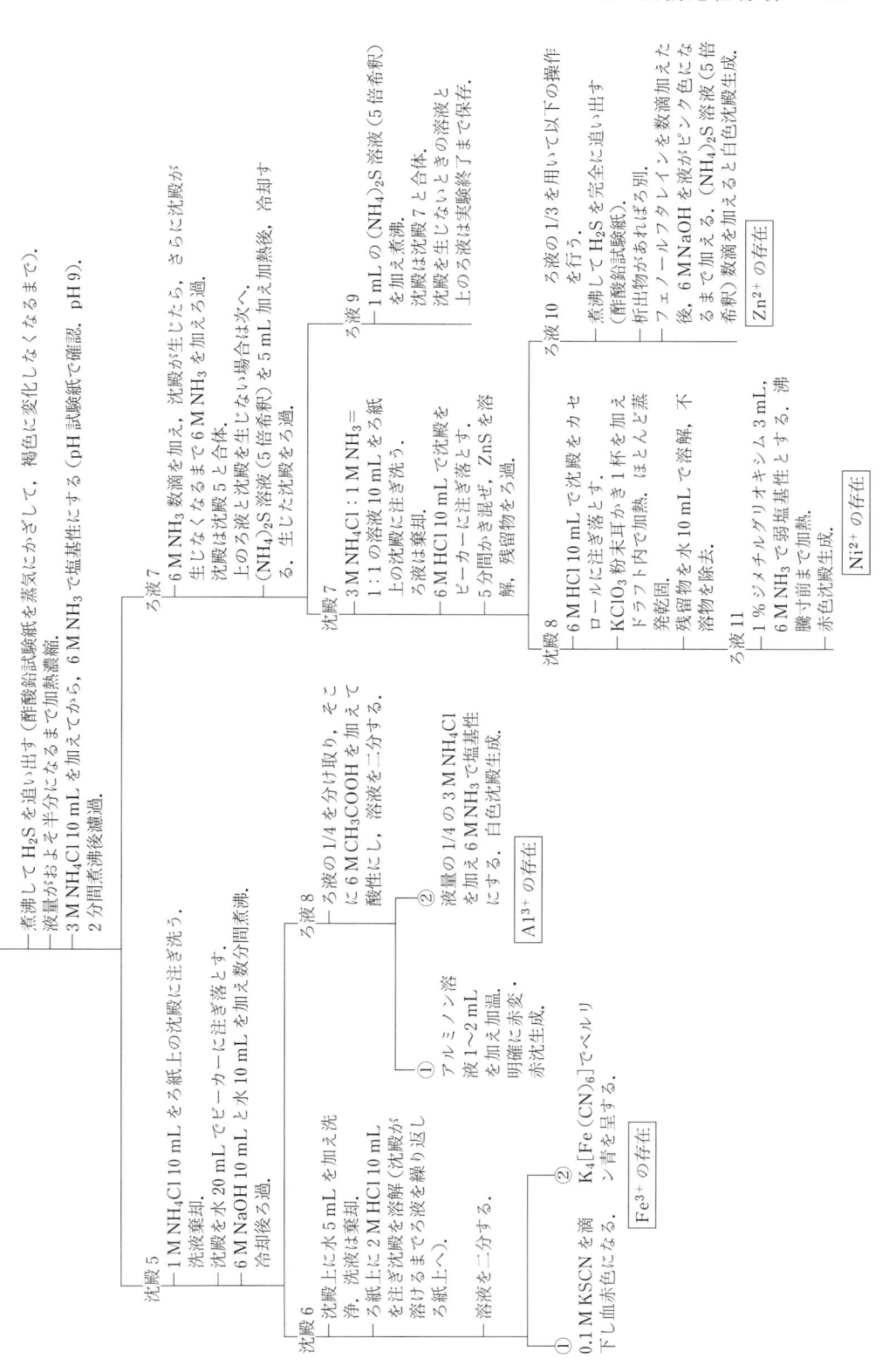

（3） 結果の整理と考察

1) それぞれの変化を化学反応式を使って説明せよ.

2) 含まれていた陽イオン，含まれていなかった陽イオンを分類表にし，それぞれのイオンについて判断の根拠を説明せよ.

3) 得られた結果に誤りが指摘された場合には，誤りの理由を検討し，1) の結果を正しいと思われる分類に変更せよ.

4) 実験で行った系統分析の方法を何というか，この方法の利点を説明せよ.

参 考 文 献

阿藤　質，分析化学，培風館（1976）.

石橋雅義，実験分析化学，共立出版（1974）.

浅田誠一 他，図解とフローチャートによる定性分析，第二版，技報堂出版（1999）.

II. 無機定量分析

定量分析は古典的分析法と機器分析法に大別される．機器分析法は第二次大戦後普及してきた分析法であり，主に元素の物理的性質を利用して元素などの定量を行う．比較的古くからある吸光光度法をはじめとして，原子吸光法や原子発光法，最近では種々の分離法と組み合わせた質量分析法など，その数は数十にのぼり，細分すれば 100 種類以上にもなる．

これに対して，古典的分析法は化学天秤によって正確な重量測定が可能になった 18 世紀以来，使われるようになってきた分析法である．重量分析法と容量分析法がそれにあたる．重量分析法は，その名が示すとおり，試料中の目的成分を秤量可能な適当な形に変え，最終的に重量を測定して定量分析するものである．丁寧に行えば，有効数字の多い定量値が得られる方法であり，現在でも岩石試料中の主成分元素の定量などに用いられている．ただし，分析に長時間を要する欠点があり，徐々に使われる機会が減ってきている．

一方の容量分析法は別名を滴定分析法というが，試料中の目的元素との反応に要した濃度既知の溶液の容積を読み取り，反応の化学量論的関係から試料中に含まれる目的成分量を算出する方法である．容量分析に利用される反応はその反応が溶液中で迅速かつ定量的に進み，しかも何らかの方法で反応の終点を知りうることが必要である．この方法はビュレット，メスフラスコ，ホールピペットなど，数種類の測容器があれば定量分析が可能であり，しかも主成分（$>0.1\%$）のみならず，方法によっては少量成分（$0.1\sim0.001\%$）や微量成分（$0.000n\ \%$）の定量も可能であることから，現在でも多方面で用いられている．とくにキレート滴定法は，水の硬度測定をはじめ，さまざまな試料中の多くの金属イオンの定量に多方面で現在も使われている[*1]．

容量分析法は化学反応の違いに基づいて次の 4 種に大別される．

1)　中和滴定（別名，酸塩基滴定）　　2)　沈殿滴定
3)　酸化還元滴定　　　　　　　　　　4)　キレート滴定[*2]

反応の終点の判別には，溶液中で流れる電流の変化や標準液自身の色の変化などいくつかあるが，一般には指示薬を用い，溶液の色の変化で判別する方法が多い．

[*1]　上野景平著『キレート滴定』南江堂（1989）にさまざまなキレート滴定法がその原理を含めて詳しく記載されている．

[*2]　かつては錯滴定という名で呼ばれていたが，今日ではキレート滴定が一般的な呼び方として用いられている．

II.1　中 和 滴 定

（1）　目 的 と 原 理

　滴定分析のうち，もっとも簡単な中和滴定実験を通して，化学反応が化学量論的に起こることを学ぶ．同時に種々の測容器の使い方を習得する．

　中和滴定法はもっとも古くからある定量分析法のひとつであり，種々の分野で広く使われてきた．その原理は $H^+ + OH^- \longrightarrow H_2O$ であり，酸と塩基との中和反応である．反応の終点は酸塩基指示薬で知ることができる．これまでに多数の酸塩基指示薬が開発されてきたが，たいていの場合，3種類の指示薬，メチルオレンジ（変色域 pH 3.1〜4.4），メチルレッド（変色域 pH 4.2〜6.3），フェノールフタレイン（変色域 pH 8.3〜10.0）とその変色域を知っていれば滴定可能である．強酸－強塩基の組み合わせでは当量点付近での水溶液の pH 変化が大きいので，上記3種の指示薬のどれを用いても大きな誤差はない．強酸－弱塩基では当量点付近での pH は弱酸性であるため，メチルオレンジあるいはメチルレッドが用いられ，弱酸－強塩基の組み合わせでは，当量点付近での pH が弱塩基性であるため，フェノールフタレインが指示薬として用いられる．

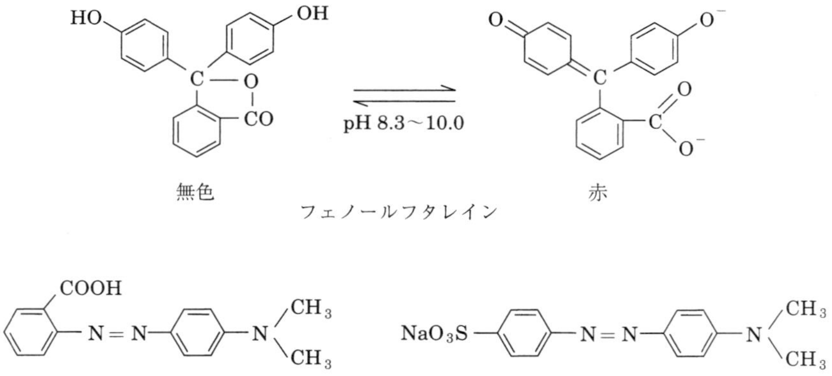

図 2.1　代表的な酸塩基指示薬

（2）　学習のポイント

中和反応の化学量論的関係，滴定操作，測容器具の使用法

（3）　実 験 方 法

a.　0.05 M Na₂CO₃ 標準液の調製

500 ℃ で加熱・乾燥済みの無水炭酸ナトリウム Na_2CO_3 0.50〜0.55 g を秤量びんに測り取

り，電子天秤を使ってその質量を小数第 3 位まで測定する．これを 100 mL ビーカーに完全に移し，イオン交換水を約 50 mL 加え，ガラス棒で撹拌して溶解する．この溶液をロートを使って 100 mL のメスフラスコに完全に移し，イオン交換水で一定容としてよく振り混ぜる．Na_2CO_3 の秤量値から，0.05 M Na_2CO_3 標準液の正確なモル濃度[*1] を求める．

b.　0.1 M HCl 標準液の標定

0.05 M Na_2CO_3 標準液 10 mL を 200 mL のコニカルビーカーにホールピペットで測り取り，イオン交換水を加えて約 50 mL としてから，メチルオレンジ指示薬を 1〜2 滴加える．これを 3〜4 つ用意する．ビュレットに 0.1 M HCl 標準液を入れ，液面の値を 0.01 mL の桁まで読み取る．0.1 M HCl 標準液をコニカルビーカー内の溶液に滴下し，溶液の色がオレンジから赤に変わったところを終点として，滴定量を決定する．滴定は，信頼が得られるデータが 3 つ得られるまで行う．3 つのデータの平均値を当量点として，0.1 M HCl 標準液の正確なモル濃度[*1] を求める．

c.　0.05 M（COOH)$_2$ 標準液の調製

デシケーター中で乾燥済みのシュウ酸二水和物（COOH)$_2$・$2H_2O$ 0.60〜0.65 g を秤量びんに測り取り，電子天秤を使ってその質量を小数第 3 位まで測定する．これを 100 mL ビーカーに完全に移し，イオン交換水を約 50 mL 加え，ガラス棒で撹拌して溶解する．この溶液をロートを使って 100 mL のメスフラスコに完全に移し，イオン交換水で一定容としてよく振り混ぜる．（COOH)$_2$・$2H_2O$ の秤量値から，0.05 M（COOH)$_2$ 標準液の正確なモル濃度[*1] を求める．

d.　0.1 M NaOH 標準液の標定[*2]

0.05 M（COOH)$_2$ 標準液 10 mL を 200 mL のコニカルビーカーにホールピペットで測り取り，イオン交換水を加えて約 50 mL としてから，フェノールフタレイン指示薬を 1〜2 滴加える．これを 3〜4 つ用意する．ビュレットに 0.1 M NaOH 標準液を入れ，液面の値を 0.01 mL

[*1] 標準液の濃度はファクター（F）を用いて表示するのが一般的である．仮に 0.1 M HCl 標準液の濃度が 0.1002 M であったとすると，$F = 1.002$ となる．すなわち，およその濃度である 0.1 M にファクターをかけた値がその標準液の濃度という関係になる．

[*2] 0.1 M NaOH 標準液の標定は，フタル酸水素カリウム（PHP）を用いた次の方法によっても行うことができる．すなわち，十分に乾燥した PHP 1.9〜2.1 g を 50 mL ビーカーに mg の位まで精密に採取し，温湯で溶かす．冷却後これを 100 mL メスフラスコに入れ，正確に 100 mL にする．0.1 M HCl 標準液の代わりに，この溶液 10 mL をホールピペットでコニカルビーカーに取り，c. の方法で滴定する．

　（PHP の採取量)/(PHP の化学式量)×1000/100×10＝（NaOH の濃度)×(NaOH の滴定量）から正確な 0.1 M NaOH 標準液の濃度が求められる．

の桁まで読み取る．0.1 M NaOH 標準液をコニカルビーカー内の溶液に滴下し，溶液の色が無色から赤色に変わったところを終点として，滴定量を決定する．滴定は，信頼が得られるデータが 3 つ得られるまで行う．3 つのデータの平均値を当量点として，0.1 M NaOH 標準液の正確なモル濃度[*1] を求める．

e.　食酢中の酸分の定量

100 mL のメスフラスコの外側の水分をふき取り，電子天秤でその質量を量る．このメスフラスコに，市販の食酢 10 mL をホールピペットで測り取り，電子天秤でその質量を量る．このメスフラスコにイオン交換水を加え，一定容としてよく振り混ぜる．この水溶液 10 mL を 200 mL のコニカルビーカーにホールピペットで測り取り，イオン交換水を加えて約 50 mL としてから，フェノールフタレイン指示薬を 1〜2 滴加える．以下，d と同じ方法で中和滴定を行い，食酢中の酢酸のモル濃度と質量パーセント濃度を求める．

（4）　結　　果

1)　各滴定の 3 回の滴定量とその平均値をそれぞれ表にまとめよ．

2)　使用した標準液のファクターを計算し，計算方法を詳しく説明せよ．

3)　食酢中の酢酸のモル濃度と質量パーセント濃度（酸含有量）を計算し，計算方法を詳しく説明せよ．

（5）　考　　察

1)　食酢の酸含有量の実験値とラベルの表示値を比較せよ．実験値と表示値が一致しない場合，その原因を考察せよ．

2)　フェノールフタレインによるわずかな呈色が見られた後，長時間コニカルビーカーを振り続けると赤色が消えてしまう．その理由を考察せよ．

参 考 文 献

赤岩英夫他，分析化学，54-57，丸善（1991）.

（社）日本分析化学会編，入門分析化学シリーズ　定量分析，60-66，朝倉書店（1994）.

香川明夫監修，7 訂　食品成分表 2018，218-221，女子栄養大学出版部（2018）.

梅澤喜夫［ほか］編，基礎分析化学実験，68-70，東京化学同人（2004）.

II.2　沈　殿　滴　定

（1）　目 的 と 原 理
a．目　　　的
硝酸銀水溶液による塩化物イオンとの沈殿反応を利用した沈殿滴定法により，しょうゆやリンゲル液中に含まれる塩分の濃度を明らかにする．

b．原　　　理
塩化物イオン Cl^- を含む水溶液に銀イオン Ag^+ を含む水溶液を加えると，沈殿反応

$$Ag^+ + Cl^- \longrightarrow AgCl\downarrow \tag{1}$$

が起こり，白色沈殿を速やかに生じる．また銀イオン Ag^+ は，クロム酸イオン $CrO_4{}^{2-}$ とも同様な反応によって赤褐色沈殿を生じる．

$$2\,Ag^+ + CrO_4{}^{2-} \longrightarrow Ag_2CrO_4\downarrow \tag{2}$$

2つの塩の溶解度の差を利用すると，クロム酸カリウムを指示薬として，硝酸銀水溶液により，水溶液中の塩化物イオンや塩化ナトリウムなどの量を精密に測定できる．これを沈殿滴定という．

沈殿滴定の原理は次のとおりである．

難溶性の塩では溶解平衡が成立し，両イオンの濃度の積 $[M^+]\cdot[A^-] = K_{SO,\,MA} = $ 一定　の関係がある．この $K_{SO,\,MA}$ を溶解度積という．水溶液中の両イオンの濃度の積が溶解度積より大きい場合には，$K_{SO,\,MA}$ と等しくなるまで沈殿を生じ続ける．塩化銀とクロム酸銀の溶解度積を比べると，

$$K_{SO,\,AgCl} = [Ag^+]\cdot[Cl^-] = 1.6\times10^{-10}$$

$$K_{SO,\,Ag_2CrO_4} = [Ag^+]^2\cdot[CrO_4{}^{2-}] = 2\times10^{-12}$$

いま $[Cl^-] = 0.1\,M$，$[CrO_4{}^{2-}] = 0.02\,M$ の混合水溶液に硝酸銀水溶液を滴下する．式（1）の反応の当量点で銀イオンの濃度は，

$$[Ag^+] \fallingdotseq [Cl^-] = \sqrt{K_{SO,\,AgCl}} = \sqrt{1.6\times10^{-10}} \fallingdotseq 1.265\times10^{-5}\,M$$

となる．

この濃度でクロム酸銀の沈殿を生じるためには

$$[CrO_4{}^{2-}] = \frac{K_{SO,\,Ag_2CrO_4}}{[Ag^+]^2} = \frac{2\times10^{-12}}{(1.26\times10^{-5})^2} = 0.0125\,M$$

以上の濃度でなければならない．

実際には，このような高濃度のクロム酸カリウム溶液では黄色が強く，赤褐色沈殿の最初の

発現が観察しにくい．ふつうは $[CrO_4^{2-}]$ を約 3×10^{-3} M として行う．この濃度でクロム酸銀の赤褐色沈殿が現れるときの銀イオンの濃度 $[Ag^+]$ は

$$[Ag^+] = \sqrt{\frac{2 \times 10^{-12}}{3 \times 10^{-3}}} = 2.58 \times 10^{-5} \text{ M}$$

となる．

　この値は，式(1)の反応の当量点をわずかに過ぎてクロム酸銀の赤褐色沈殿が現れることを意味するが，その量は容量分析の精度と同じ程度であるから，実験上は問題ない．

（2）　学習のポイント

溶解度積，沈殿滴定，指示薬，難溶性塩

（3）　実 験 方 法

a．試 薬 の 調 製

a）塩化ナトリウム

特級品を $500 \sim 650\,^{\circ}\mathrm{C}$ で $40 \sim 50$ 分加熱後，硫酸デシケーター中で放冷し用いる．

b）0.1 M AgNO₃ 標準液

特級硝酸銀約 17 g をイオン交換水で溶解して 1 L とする．調製した硝酸銀水溶液は褐色の細口びんに入れて保存する．長期間使用しない場合には，紫外線による分解やハロゲン化物イオンとの反応で硝酸銀水溶液の濃度が変わってくるので，使用直前に必ず次のようにして標定をし直す．

b．塩化ナトリウム標準液の調製

　純粋な塩化ナトリウム $0.5 \sim 0.6$ g を秤量びんに電子天秤で 1 mg の単位まで正確に秤取する．これをロートを用いて 100 mL メスフラスコに移し，標線の 9 割ほどイオン交換水を加えてよく振る．次に正確に 100 mL に合わせ，再度よく振って均一溶液とする．

c．モール法による標定

　上で調製した 0.1 M NaCl 標準液 10 mL をホールピペットでコニカルビーカーに入れ，0.5 M K₂CrO₄ 1 mL およびイオン交換水を加え約 50 mL とする．溶液を振り混ぜながら，ビュレットから標定すべき硝酸銀標準液を滴下する．はじめ塩化銀の白色沈殿が生じる．さらに滴下して，生じた赤褐色沈殿が消えなくなる点を終点とし，滴定量を 0.01 mL の位まで読み取る．滴定を 3 回行って平均値から 0.1 M AgNO₃ の詳しい濃度を算出する．

硝酸銀標準液の濃度算出法

　塩化ナトリウムの採取量を 0.576 g とする．

　硝酸銀標準液の滴定量を 10.25，10.31，10.20 mL，平均値を 10.25 mL とすれば，塩化ナ

トリウム標準液 10 mL 中の NaCl の物質量は

$$\frac{0.576}{58.44} \times \frac{10}{100} \times \frac{1000}{10} = 0.0986 \text{ M}$$

$Ag^+ + Cl^- \longrightarrow AgCl$ より Ag^+ 1 mol と Cl^- 1 mol が当量関係にあるから，0.1 M Ag^+ 1 mL と 0.1 M Cl^- 1 mL が当量関係にある．

滴定結果から，0.0986 M Cl^- 10 mL 中の Cl^- 量は 0.0986×10/1000 mol．この物質量と濃度未知の Ag^+ 10.25 mL 中の物質量が当量関係にあるから，0.0986×10/1000 = C×10.25/1000 が成立する．これを解いて，

$$C = 0.0962 \text{ M} \qquad 0.1 \text{ M AgNO}_3 \, (F = 0.962)$$

F をファクターという．詳しく導かれた濃度 0.0962 を，大まかな濃度，ここでは 0.1 で除したものである．大まかな濃度からのずれの割合を 1.0000… を基準として表している．

d.　しょうゆの塩分濃度の分析

しょうゆにはふつうの濃口しょうゆ以外にも，薄口，減塩，薄塩など多様な塩分濃度のものが知られている．実験ではできるだけいろいろな種類のしょうゆの分析を行い，塩分量の比較を行う．

しょうゆ 5 mL をホールピペットで 250 mL メスフラスコにとり，イオン交換水を器壁を伝わらせて加え，標線に合わせて正確に 250 mL として 50 倍希釈液にする．この溶液 10 mL をホールピペットでコニカルビーカーにとる．0.5 M K_2CrO_4 約 1 mL を駒込ピペットで加えてからイオン交換水で全量を約 50 mL とする．ビュレットに 0.1 M $AgNO_3$ 標準液を入れ，液面の目盛を 0.01 mL の位まで読む．$AgNO_3$ 溶液を滴下していくと，はじめ AgCl の白色沈殿と K_2CrO_4 の黄色が混じり合った沈殿が生じる．滴下を続け，よくふり混ぜても Ag_2CrO_4 の赤褐色沈殿が少しでも消えなくなった点を終点とする．終点の目盛を 0.01 mL の単位まで読み，滴下開始の目盛との差を滴定量とする．

滴定を繰り返し，3 回の滴定の平均値より，しょうゆ 1000 mL 中に含まれる NaCl の量（g/L）を求める．

計　算　方　法

0.1 M $AgNO_3$ 標準液（$F = 0.962$）の滴定量を 5.84，5.88，5.76 mL，平均値を 5.83 mL とする．

この標準液 5.83 mL 中の Ag^+ の物質量は，0.1×0.962×5.83/1000（mol）．

しょうゆの希釈度は 250/5 = 50 倍．

50 倍希釈しょうゆ 10 mL 中の Cl^- の物質量は，その濃度を C とすれば，C×10/1000．

これが 0.1 M $AgNO_3$ 標準液（$F = 0.962$）5.83 mL と当量関係にあるから

$$C \times \frac{10}{1000} = 0.1 \times 0.962 \times \frac{5.83}{1000} \qquad \text{これを解いて} \quad C = 0.0561 \, (\text{M})$$

これは 50 倍希釈しょうゆのモル濃度であるから，原液 1 L 中の NaCl のグラム数を求めると

$$0.0561 \times 50 \times 58.44 = 164 \,(\text{g/L})$$

e． リンゲル液中の塩化物イオン Cl⁻ の定量

リンゲル液 50 mL をホールピペットで 100 mL メスフラスコに入れ，イオン交換水を加えて正確に標線に合わせ 100 mL とする．この溶液の 20 mL をホールピペットでコニカルビーカーに入れ，0.5 M K$_2$CrO$_4$ 1 mL を加えてから硝酸銀標準液をビュレットから滴下する．滴定 3 回の平均値から，リンゲル液中の塩化物イオン Cl⁻ 濃度を（g/L）で求める．

（4） 結果の整理と考察

1） 他の沈殿滴定の終点を知る方法を類別して説明せよ．

2） 与えられた 0.1 M AgNO$_3$ 標準液のファクターを算出せよ．

3） 測定したしょうゆ中の NaCl の量は，1 L 中何 g であったか．その値は市販品に表示されている値に合致していたか．合致していないとすればその理由を考えよ．

4） 種々のしょうゆの塩分濃度を他班の結果を参照して比較せよ．しょうゆの種類により塩分濃度が異なる理由を製造工程の相違を調べて考察せよ．

参 考 文 献

阿藤　質，分析化学，244-249，培風館（1967）．
香川芳子監修，三訂増補　食品成分表 2007，254，女子栄養大学出版部（2006）．

II.3　酸化還元滴定

（1）目的と原理

a．目　的

過マンガン酸カリウム溶液を標準液に用いた酸化還元滴定法により，オキシドール中の過酸化水素量あるいは飲料中の Ca 分や鉄分の含有量測定を行う．

b．原　理

酸化剤または還元剤を標準液として，試料溶液中の目的成分を酸化または還元する．反応完結までに要した標準液の容量から，目的成分の量を算出する方法が酸化還元滴定法である．一般に酸化剤標準液には過マンガン酸カリウム，硫酸セリウム(IV)，二クロム酸カリウム，臭素酸カリウム，ヨウ素などの溶液が，還元剤標準液には硫酸鉄(II)，硫酸チタン(III)，硫酸クロム(II)，チオ硫酸ナトリウムなどが用いられる．

c．過マンガン酸カリウム滴定法

硫酸鉄（II）の硫酸酸性水溶液に過マンガン酸カリウム溶液を加えると，次の反応が起こる．

$$10\,FeSO_4 + 8\,H_2SO_4 + 2\,KMnO_4 \longrightarrow 5\,Fe_2(SO_4)_3 + K_2SO_4 + 2\,MnSO_4 + 8\,H_2O \qquad (1)$$

イオン反応式で示すと，

$$5\,e^- + 8\,H^+ + MnO_4^- \longrightarrow Mn^{2+} + 4\,H_2O \qquad (2)$$

MnO_4^- が酸性溶液で酸化剤として働き，マンガンの原子価が $+7$ から $+2$ へ減少する．

式（2）からわかるように，還元剤から放出された $5\,e^-$ を取り入れる反応が過マンガン酸カリウムの酸化作用であり，これを利用するのが過マンガン酸カリウム滴定法である．

この場合，1 モルの $KMnO_4$ は 5 当量の酸化をする（$5\,e^-$ の授受）．1 モルの電子の授受に必要な $KMnO_4$ 1 L を調製するには，$KMnO_4/5 = 158.04/5 = 31.608\,(g)$ を水に溶かして 1 L とすればよいわけである．また式(1)，(2)から，この反応は H^+ の存在が重要なことが理解できる．式(3)のように $[H^+]$ が低いと，MnO_4^- は Mn^{2+} および Mn^{4+} になりやすく，滴定中に MnO_2 が生じ滴定結果が不明瞭になる．

$$3\,Mn^{2+} + 2\,MnO_4^- + 7\,H_2O \longrightarrow 5\,H_2MnO_3 + 4\,H^+ \qquad (3)$$

この場合，$KMnO_4$ は Mn^{7+} から Mn^{4+} と原子価は 3 しか変化しない（$3\,e^-$ の授受）．

d. 酸化還元滴定の当量点を知る方法

a) 滴定剤自身の色調変化の利用

過マンガン酸カリウム溶液でシュウ酸を滴定すると, 最初 MnO_4^- 自身の特有の赤紫色を呈している. これが還元して生じる Mn^{2+} はほとんど無色であるから, とくに指示薬がなくても滴定当量点を知ることができる.

b) 酸化還元指示薬の利用

当量点を越えて滴下された酸化剤または還元剤により, 酸化あるいは還元されて色調の変化する指示薬, たとえばジフェニルアミン, ジフェニルアミンスルホン酸, 1,10-フェナントロリン鉄(II) などが適当な条件で用いられる.

(2) 学習のポイント

酸化還元反応, 当量(点, 関係), 容量分析

(3) 実験方法

a. 試薬の調製

a) シュウ酸ナトリウム ($Na_2C_2O_4$)

特級品を 150〜200 ℃ で約 1 時間乾燥し, 硫酸デシケーター中で放冷後用いる.

b) 0.02 M $KMnO_4$ 標準液

過マンガン酸カリウム約 3.2 g をイオン交換水に溶かして 1 L とする. 1 時間よくかき混ぜながら静かに加熱し, 水に含まれる微量の還元性物質を酸化する. ひと晩暗所に静置してから, 上澄み液をガラスフィルターで濾過する. 溶液は褐色びんに保存する.

b. 0.02 M $KMnO_4$ 標準液の標定

シュウ酸ナトリウム 0.6〜0.7 g を電子天秤で mg 単位まで秤量びんに秤量する. これをロートを用いて 100 mL メスフラスコに入れる. フラスコの首の下 2/3 付近までイオン交換水を加えて振り混ぜ, 結晶を完全に溶かす. 次にイオン交換水を加えて, 液面の位置を正確に標線に合わせる. この溶液を 10 mL ずつホールピペットでとり, 4 個の 200 mL コニカルビーカーに移す. メートルグラスを用いて, イオン交換水 20 mL ずつと 3 M H_2SO_4 15 mL ずつを計りとり, 各コニカルビーカーに加える. 液温を 50〜60 ℃ として, ゆっくりふり混ぜながら, ビュレットの 0.02 M $KMnO_4$ 標準液を滴下する. 30〜40 秒間振り混ぜ続けても赤紫色のわずかな呈色が消えなくなったときを終点とする. 滴定量を 0.01 mL の位まで読み取る. 1 回目の滴定量を参考にして, 2 回目以降は滴定量の 9 割ほどを一挙に滴下して作業時間を短縮できる. ただし, 注意しないと MnO_2 に基づく褐色沈殿を生じてしまう. この場合には酸化還元反応が不完全なので滴定をやり直す. 3 回の滴定の平均値より 0.02 M $KMnO_4$ の精密な濃度を求める.

計　算　例

過マンガン酸カリウムとシュウ酸ナトリウムは次式のようにモル比 2：5 で反応する．その量的関係から 0.02 M $KMnO_4$ 標準液の精密な濃度 A を求める．

$$2\,KMnO_4 + 5\,Na_2C_2O_4 + 8\,H_2SO_4 \rightarrow 2\,MnSO_4 + K_2SO_4 + 5\,Na_2SO_4 + 10\,CO_2 + 8\,H_2O$$

$Na_2C_2O_4$ 溶液の濃度は，$Na_2C_2O_4$ の式量が 134.00 であることから，仮に $Na_2C_2O_4$ を 0.655 g 秤量し，水に溶解して 100 mL とした場合，その濃度は $(0.655/134.00)\times1000/100 = 4.89\times10^{-2}$ M となる．また，滴定結果から 0.02 M $KMnO_4$ 標準液の所要量の平均値が 10.01 mL とすると，

$$5 \times A \times 10.01\ \text{mL}/1000\ \text{mL} = 2 \times 4.89 \times 10^{-2}\ \text{M} \times 10.00\ \text{mL}/1000\ \text{mL}$$

となり，$A = 1.95 \times10^{-2}$ M となる．よって 0.02 M $KMnO_4$ 標準液のファクターは $F = 0.01953/0.02 = 0.977$ である．

c.　オキシドール中の過酸化水素量の定量

ホールピペットで市販のオキシドール 5 mL をとり，100 mL メスフラスコに入れる．イオン交換水で正確に 100 mL に薄め，よく振る．この溶液 10 mL ずつをホールピペットで 4 個の 200 mL コニカルビーカーに入れる．メートルグラスではかったイオン交換水 20 mL と 3 M H_2SO_4 15 mL を加え，以下 b 項の操作法に準じて滴定する．なお，この反応は次式で示される．

$$2\,KMnO_4 + 5\,H_2O_2 + 3\,H_2SO_4 \longrightarrow 2\,MnSO_4 + K_2SO_4 + 5\,O_2 + 8\,H_2O \tag{4}$$

これからわかるように，2 モルの $KMnO_4$ が 5 モルの H_2O_2 を分解する．したがって正確に 0.02 M $KMnO_4$ 1 mL ＝ 0.0017008 g H_2O_2 となる．

3 回の滴定値の平均値から，オキシドール中の過酸化水素量を g/100 mL オキシドールの単位で算出する．

計　算　例

0.02 M $KMnO_4$ 標準液の精密な濃度の計算例と同様に計算する．0.02 M $KMnO_4$ 標準液（$F = 0.977$）の所要量の平均値が 8.92 mL，希釈したオキシドールの濃度を C M とすると，

$$5 \times 0.977 \times 0.02\ \text{M} \times 8.92\ \text{mL}/1000\ \text{mL} = 2 \times C\ \text{M} \times 10.00\ \text{mL}/1000\ \text{mL}$$

となり，$C = 4.357 \times 10^{-2}$ M となる．

希釈オキシドールは元のオキシドールを 5 mL 採取して 100 mL としたので，元のオキシドールの濃度は，4.357×10^{-2} M $\times (100\ \text{mL}/5\ \text{mL}) = 0.8714$ M となる．過酸化水素の分子量 34.02 g/mol を使用して，濃度を g/100 mL に換算すると，

$$0.8714\,(\text{M}) \times 34.02\,(\text{g/mol}) \times 100\ \text{mL}/1000\ \text{mL} = 2.9645\,(\text{w/v\%})$$

より，2.96 w/v％と求められる．

d．カルシウムの定量

　未知濃度の塩化カルシウム溶液（約 0.1 M CaCl$_2$ 溶液）5 mL をホールピペットで 300 mL ビーカーに入れ，イオン交換水を加えて約 200 mL とする．約 10 g の NH$_4$Cl を加えて溶解し，湯浴上で 80～90 ℃ に温める．よくかき混ぜながら，もはや沈殿を生じなくなるまで (NH$_4$)$_2$C$_2$O$_4$ 飽和溶液（約 40 mL）を少しずつ加える．次に微アルカリ性になるまで 6 M NaOH を滴下し，よくかき混ぜてから約 1 時間放置して沈殿の生成を完成させる．少量のアンモニア水を加えた温水により，傾斜法で沈殿を 2 回洗浄する．No.5 C の濾紙を用いて沈殿を濾過する．濾液に Cl$^-$ を認めなくなるまで（0.1 M AgNO$_3$ 溶液で Cl$^-$ を検出しなくなるまで）温水で洗う．濾紙上に熱い 1.5 M H$_2$SO$_4$ を注いで沈殿を完全に溶かし出す（50～100 mL の 1.5 M H$_2$SO$_4$ を少量ずつ用いる）．この溶液をゆっくりかき混ぜながら，0.02 M KMnO$_4$ 標準液で滴定する．この反応は次式のように考えられる．

$$2\,KMnO_4 + 5\,CaC_2O_4 + 8\,H_2SO_4 \longrightarrow 5\,CaSO_4 + K_2SO_4 + 2\,MnSO_4 + 10\,CO_2 + 8\,H_2O$$

$$\tag{5}$$

0.02 M KMnO$_4$ 標準液 1 mL ≡ 0.002004 g Ca として c 項と類似の計算により求める．

（4）　結果の整理と考察

1)　0.02 M KMnO$_4$ 標準液のファクターはいくらか．

2)　オキシドール中の過酸化水素の濃度は何 w/v％ になったか．その値は市販品の表示から判断して妥当であるか．もし著しく異なる場合にはその原因を考えよ．

3)　オキシドールの消毒作用について調べ，考察せよ．

4)　酸化還元滴定法には，ほかにどのような方法があるか調べて説明せよ．

5)　オキシドールは冷暗所に保存するのが望ましい．この理由を説明せよ．

参　考　文　献

阿藤　質，化学実験法，101-107，培風舘（1958）．

II.4　キレート滴定

（1）　滴定法の概要

エチレンジアミン四酢酸（略称 EDTA）やニトリロ三酢酸（NTA）など，キレート剤と呼ばれる多座配位子は，多くの金属イオンと水溶性の安定なキレート化合物を生成する．このような錯形成反応を利用する滴定法はキレート滴定法と呼ばれ，金属イオンの迅速で簡便な定量法のひとつとして広く利用されている．

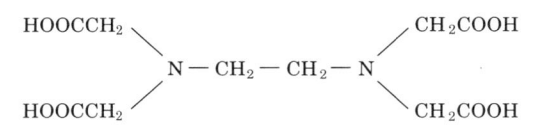

図 4.1　エチレンジアミン四酢酸

EDTA は水溶液中で 2〜4 価の金属イオンと，その原子価に関係なく，1：1 のモル比で結合する．EDTA そのものは水に難溶性なので，通常その二ナトリウム塩が用いられている．

a．緩　衝　液

EDTA 自体は四塩基酸（$pK_1 = 2.00$，$pK_2 = 2.67$，$pK_3 = 6.16$，$pK_4 = 10.26$）なので，その解離平衡は溶液の pH によって大きな影響を受ける．また，生成するキレート化合物の安定度は，溶液の pH 以外に金属イオンの種類によっても影響を受ける．一般的には，アルカリ土類金属よりも重金属のほうが安定なキレート化合物を作る．溶液の pH が低いほど，安定度定数の小さい金属イオンと EDTA との反応は定量的に進行しない．また，金属イオンの大部分は，pH が非常に高くなると水酸化物として沈殿する性質をもっているので，適当な緩衝液を添加して，金属イオンの種類に応じて適当な pH を保つように配慮する必要がある．

pH 10 の緩衝液の調製　塩化アンモニウム 70 g と濃アンモニア 570 mL とを水に溶かし 1 L とする．

b．金属指示薬

EDTA とほとんどの金属イオンとのキレート化合物は無色なので，滴定終点の認定には金属指示薬が利用されている．金属指示薬は，溶液中で遊離状態のイオンとして存在しているときと，金属イオンと結合しているときとで，明瞭な色調の変化を示す色素である．たとえば，溶存するカルシウムとマグネシウムの合量を求める場合には，溶液の pH を 10 に調節して EDTA 溶液で滴定するが，この際の金属指示薬としてエリオクロムブラック T（BT）が用いられる．BT は金属イオンと結合すると赤紫色を呈するが，EDTA が加えられると，金属イオンは EDTA とのほうがより安定なキレート化合物を作るので，滴定の終点では BT が遊離

させられ，その結果，溶液は青色を呈するようになる．溶液の pH が 13 程度の条件下でカルシウムを EDTA で滴定する際には，NN 指示薬が用いられる．NN 指示薬も BT と同様の変色を示す．

BT 指示薬：BT 0.5 g と塩酸ヒドロキシルアミン 4.5 g をメタノールに溶かして全量を 100 mL とする．

c. 水の硬度の測定（水質分析）

水の硬度はもともとせっけんの泡立ちを阻害する能力を尺度として測定された．しかし，このせっけんの泡立ちは Ca^{2+} および Mg^{2+} のみならず無機酸や鉄などによっても阻害されるので，せっけん法による硬度の内容は明確なものではなかった．そこで現在は，水中の Ca^{2+} と Mg^{2+} の量の和で硬度を表すことになった．硬度の大きい水は硬水と呼ばれ，せっけんの泡立ちを悪くし，ボイラーに使うとスケール（缶石）ができる原因となる．また硬度の大きい水を飲むと下痢を起こすこともあり，水道水の水質基準では硬度は 300 mg/L 以下となっている．

ここでは，キレート滴定で試料水中の硬度（Ca^{2+}，Mg^{2+} 濃度の合量）を測定する．

（2） 標準液の調製と標定

a. 0.01 M EDTA 標準液

80 ℃ で 2 時間乾燥し，デシケーター中で放冷した EDTA・2 Na（$Na_2H_2C_{10}H_{12}O_8N_2 \cdot 2 H_2O$，式量 372.25）を秤量びんに 0.90〜0.95 g 正確にはかりとって，イオン交換水に溶解して 250 mL とした溶液を 0.01 M EDTA 標準液として用いる．しかし，通常は次に述べるように，EDTA 約 0.95 g を水に溶かして 250 mL とした溶液を Ca 標準液を用いて標定し，EDTA 溶液のファクターを定める方法がとられている．

b. 0.01 M Ca 標準液

110 ℃ で 2 時間乾燥した特級 $CaCO_3$（式量 100.09）の約 0.1 g を秤量びんを用いて正確にはかりとって 100 mL ビーカーに移し，少量のイオン交換水で湿らせてから 2 M HCl 2 mL を少しずつ加える．このとき，$CaCO_3$ の分解によって CO_2 が急激に発生し，$CaCO_3$ の微粉末や溶液がしぶきになって飛び散るおそれがあるので，このような現象を起こさないように十分注意して HCl を少しずつ加える．CO_2 の発生が止まってから加温して CO_2 を追い出す．冷却後，この溶液を 100 mL メスフラスコに移し，イオン交換水でビーカー内の溶液を完全にメスフラスコ内に移してから，イオン交換水を加えて正確に 100 mL とし，よく振り混ぜる．採取した $CaCO_3$ の秤量値から正確な濃度（M）を算出する．

c. 0.01 M EDTA 標準液の標定（250 mL）

上記 Ca 標準液の 10 mL をホールピペットを用いて 200 mL コニカルビーカーに分取し，イオン交換水を加えて約 50 mL とする．駒込ピペットを用いて pH 10 緩衝液約 1 mL を加え

る．これに BT 指示薬 1〜2 滴を添加し，標定すべき EDTA 標準液で滴定する．赤紫色が完全に青色に変わった点を滴定の終点とし，それまでに要した EDTA 溶液の量から EDTA の濃度，あるいはファクターを算出する．概要に述べたように，次の等式が成立することになる．

$$1.00 \times 10^{-2}\,\text{M EDTA}\ 1.00\,\text{mL} = 1.00 \times 10^{-2}\,\text{M Ca}\ 1.00\,\text{mL} = 0.401\,\text{mg Ca}$$

（3）　実 験 方 法

a．Ca＋Mg 合量の定量

試料溶液 50 mL*1 をホールピペット*2 を用いてコニカルビーカーにとる（試料溶液が強い酸性や塩基性を示す場合には，NaOH または HCl で中和する）．pH 10 の緩衝液 1 mL と BT 指示薬数滴を加え，EDTA 標準液で滴定する．溶液が完全な青色を呈する点を終点とし，Ca と Mg の合量を算出する．

b．Ca のみの定量

試料溶液 50 mL*1 をホールピペット*2 を用いてコニカルビーカーにとる．これに 8 M KOH を約 1 mL 加える（pH 約 13）．ときどきふり混ぜながら 5 分間ほど静置する．Mg^{2+} は $Mg(OH)_2$ として沈殿し，EDTA と反応しなくなる．NN 指示薬（粉末）を少量加えてから，EDTA 標準液で滴定し，その消費量から Ca^{2+} 濃度を算出する．a 項で求めた Ca と Mg の合量からこの Ca 量を差し引くと，Mg 濃度が求められる．

（4）　結 果

硬度（アメリカ硬度）は次のように定義されている．水中の Ca^{2+} イオン濃度（mg/L）を炭酸カルシウム（$CaCO_3$）（mg/L）に換算，Mg^{2+} イオン（mg/L）も $CaCO_3$（mg/L）に換算して両者を合計した濃度（mg/L）である．

EDTA 滴定の場合，試料水を pH 10 で滴定し，Ca^{2+} および Mg^{2+} の合計の滴定量（mg/L）が得られれば，$CaCO_3$ の式量（100.09）に由来する係数 1.00 を滴定量にかけて硬度を直接求めることができる．

1）　硬度の算出

$1.00 \times 10^{-2}\,\text{M EDTA}\ 1.00\,\text{mL} = 1.00\,\text{mg CaCO}_3$ の関係を利用．

試料溶液を 50 mL 用いた場合（1000/50 ＝ 20）

硬度：（0.01 M EDTA 滴定 mL 量）×（EDTA のファクター）×20×1.00

2）　Ca^{2+}，Mg^{2+} のそれぞれの濃度算出（mg/L）

---

*1 この容量は試料の濃度によるので，できれば滴定値が 10〜15 mL になるように調整する．
*2 教員の指示により 100 mL メスシリンダーを用いる場合がある．

1.00×10^{-2} M EDTA 1.00 mL $= 0.401$ mgCa^{2+} $= 0.243$ mg Mg^{2+} の関係を利用.

試料溶液を 50 mL 用いた場合（1000/50 $= 20$ より）

Ca^{2+} の算出（b. の滴定量）×（EDTA のファクター）×20×0.401

Mg^{2+} の算出（a. の滴定量 $-$ b. の滴定量）×（EDTA のファクター）×20×0.243

参 考 文 献

三宅泰雄, 北野　泰, 水質化学分析法, 46-51, 地人書館 (1960).

半谷高久, 水質調査法, 218-220, 丸善 (1985).

上野景平, キレート滴定, 124-130, 南江堂 (1989).

日本天然水研究会編著, ミネラルウォーター入門, 幻冬舎 (2006).

C

選　択　実　験

　本編では，化学の講義内容と実験可能な時間とを考慮した実験テーマを選び，その概略を説明する．定量的な内容を伴った物理化学的な実験，無機化合物や有機化合物の合成や分析，天然物に関する実験など，親しみやすいテーマを取り上げてある．

1. 鉄イオンの定量

（1）目 的 と 原 理

a. 目　的

　温泉水の分類で含鉄泉があるように，温泉水によっては比較的多量の鉄イオンを含む．草津温泉は強酸性の温泉水であり，鉄イオンを比較的多く含む．本実験ではこれら温泉水中の鉄イオンを定量し，天然環境での鉄の挙動について学ぶ．併せて，薬剤の「鉄剤」もしくは，アルミニウム素材中の鉄含量を求める．定量は1,10-フェナントロリンを発色剤として用いた吸光光度法で行う．

b. 原　理

　水溶液中に溶存するFe^{2+}イオン（無色）は1,10-フェナントロリン（無色）と反応し，$Fe(II)$-1,10-フェナントロリン錯体（橙色）を生成する．このとき発色する橙色の濃淡は水溶液中のFe^{2+}イオンの濃度に応じて変化する．あらかじめFe^{2+}イオン濃度と，発色の程度を表す尺度である吸光度との関係を明らかにして検量線を作成し，後ほど試料溶液を発色させ，その吸光度を測定して検量線から鉄量を読み取り，濃度あるいは含量を求める．

　鉄錯体生成反応は次の式で示される．

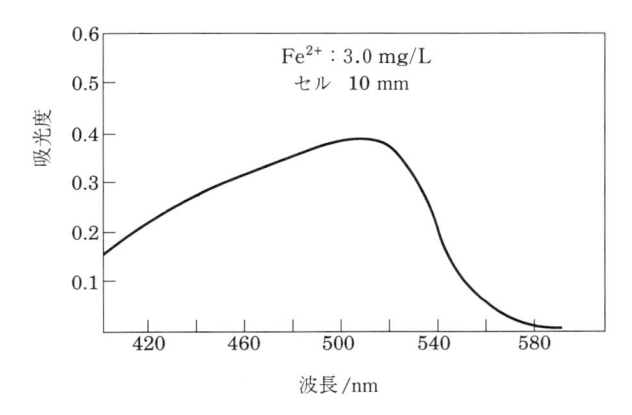

1,10-フェナントロリン　　　　　　　　　鉄（II）-1,10-フェナントロリン

図1.1　鉄（II）-1,10-フェナントロリン錯体の吸収曲線

（2）　学習のポイント

吸光光度法の原理，さまざまな水試料中の鉄の濃度に関する知識．

（3）　実　　験

a．試薬の調製

- ●6 M 塩酸，塩酸ヒドロキシルアミン溶液（1%）
- ●酢酸ナトリウム水溶液：酢酸ナトリウム（三水和物）30 g をイオン交換水に溶解して 100 mL とする．
- ●1,10-フェナントロリン溶液：1,10-フェナントロリン（一水和物）0.2 g を 100 mL ビーカーにとり，約 2 mL のエタノールで溶解し，振り混ぜながら少しずつイオン交換水を加えて 100 mL とする．
- ●鉄標準液：硫酸アンモニウム鉄（II）六水和物（$Fe(NH_4)_2(SO_4)_2 \cdot 6H_2O$）0.702 g を 50 mL ビーカーではかりとり，500 mL メスフラスコに完全に移し，メートルグラスで 6 M 塩酸 20 mL を加えて溶解してから，イオン交換水で正しく 500 mL に薄めて標準液とする．この標準液 1.00 mL は鉄 0.200 mg を含有する（200 mg/L）．

b．検量線の作成

1) 乾いたビーカーに 200 mg/L の鉄標準液を入れ，そこから 25 mL メスフラスコにマイクロピペットを用いて 0（試薬ブランク），0.125，0.250，0.375，0.500 mL の鉄標準液をそれぞれ正確に分取する．これにそれぞれ別の駒込ピペットを用いて，塩酸ヒドロキシルアミン溶液（1%）0.5 mL を加えて鉄を Fe^{2+} に還元した後，1,10-フェナントロリン溶液 1.5 mL を加えてから酢酸ナトリウム溶液 1.5 mL を加え，イオン交換水で 25 mL 一定容としてよく振り混ぜる．

2) 約 15 分間放置した後，各溶液を吸光度測定用セルに移し，試薬ブランクを対照として，波長 510 nm の吸光度を測定する．

3) 検量線を作成する．

c．温泉水中の鉄の定量

試料（草津白根山湯釜湖沼水 0.5 mL，草津湯畑温泉水 5 mL，草津万代鉱温泉水 5 mL，水道水 5 mL）をそれぞれマイクロピペットもしくはホールピペットで 25 mL メスフラスコに分取する．この溶液に検量線作成時と同様な操作で還元と発色を施し，吸光度を読み取り，試料水中の鉄濃度を mg/L で求める．

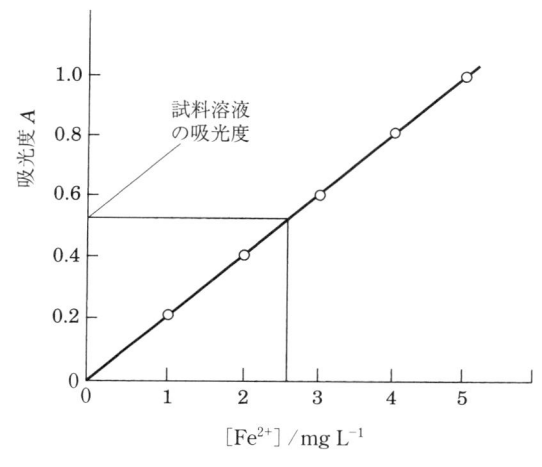

図 1.2　検量線作成例

d.　鉄剤中の鉄の定量

錠剤 1 個（約 0.6 g）を 200 mL コニカルビーカーにとり，1 M 塩酸 20 mL を加えておだやかに加温する．錠剤がほぼ溶解した後，約 10 分放冷し，No.2 濾紙で濾過する．濾液は 500 mL メスフラスコに受け，水で定容としてよく振り混ぜる．これから 1.25 mL をマイクロピペットで 3 本の 25 mL メスフラスコにそれぞれ分取する．この溶液に，検量線作成時と同様な操作で還元と発色を施し，吸光度を測定する．錠剤 1 個中の鉄の絶対量を mg 単位で求める．

e.　アルミニウム素材中の鉄の定量

アルミニウム素材（アルミフォイル 0.4 g）を天秤で正確に秤量し，200 mL コニカルビーカーに入れる．メートルグラスを用いて 6 M 塩酸 20 mL を加え，しばらく放置する．アルミフォイルは塩酸と激しく反応して 5 分程度で溶解する．溶解した試料を含む塩酸を約 15 分放冷した後，ロート台を使い，No.2 の濾紙で濾過する．水を洗瓶からコニカルビーカーに吹き付けて溶液を完全に濾紙上に移し，濾紙上の不溶物及び濾紙を水でよく洗浄する．濾液を 100 mL メスフラスコに移し，水で定容としてよく振り混ぜる．

マイクロピペットを用いてこの溶液の 1.00 mL を 3 個の 25 mL メスフラスコに別々に分取する．この溶液に，検量線作成時と同様の操作で還元と発色を施し，吸光度を測定する．なお，加える酢酸ナトリウム溶液は 2 mL とする．作成した検量線を用いて鉄の濃度を求め，分取した処理試料水溶液の量を勘案してアルミニウム素材中の鉄含量を質量％で求める．

注 1）　それぞれの班には 25 mL メスフラスコが 5 本配布されているので，はじめに検量線を作成し，次いで試料中の鉄を測定する．

2）　塩酸ヒドロキシルアミンや酢酸ナトリウム，1,10-フェナントロリン溶液は所定量をおおよそ加えればよい．

3) 図 1.2 検量線の横軸の Fe^{2+} 濃度は，発色させた 25 mL メスフラスコ中の濃度である.

（4） 結果の整理

1) 検量線を作成せよ.

2) 各水試料（温泉水，水道水）中の鉄濃度を mg/L 単位で求めよ.

3) 鉄剤 1 個中の鉄含有量を mg 単位で求めよ.

4) アルミニウム素材中の鉄含量を質量％で求めよ.

（5） 考　察

1) 各水試料中の鉄濃度の異なる理由を考察せよ.

2) 温泉水中の鉄濃度ならびに河川水や地下水中の鉄濃度について文献等で調べ，本実験で得られた結果と比較し，考察せよ.

参 考 文 献

赤岩英夫編，分析化学実験，64-77，丸善（1996）.

浜岡秀樹他，産婦人科の世界，665（1979）.

日本分析化学会北海道支部編，水の分析（第 4 版），185-189，化学同人（1994）.

東京大学教養学部化学部会編，基礎化学実験第 3 版，99-106，東京化学同人（2012）.

2. 汚染の進んだ環境水の COD の測定

（1） 目 的 と 原 理

a． 目　　的

COD は chemical oxygen demand のイニシャルをとったもので，日本語では化学的酸素要求量あるいは化学的酸素消費量と呼ばれる．水中に含まれる有機物と被酸化性の無機物が，酸化剤によって酸化されるときに消費される酸化剤の量を，それに相当する酸素の量で表現したものといえる．県内のいくつかの河川水試料について，比較的短時間で測定できる $KMnO_4$ 消費量を実験で求め，有機物汚染の現状について考える．

b． 原　　理

$KMnO_4$ は酸性溶液中で次のように反応し，強い酸化剤として作用する．

$$MnO_4^- + 8\,H^+ + 5\,e \rightarrow Mn^{2+} + 4\,H_2O$$

硫酸で酸性にした試料水に一定量の $KMnO_4$ を加え，試料水中の被酸化性物質を酸化する．その後，一定過剰のシュウ酸ナトリウムを加え，未反応の MnO_4^- を分解する．

$$2\,MnO_4^- + 5\,C_2O_4^{2-} + 16\,H^+ \rightarrow 2\,Mn^{2+} + 10\,CO_2 + 8\,H_2O$$

次いで，過剰の $C_2O_4^{2-}$ を $KMnO_4$ 標準液で滴定し，計算によって試料水中に含まれる被酸化性物質と反応した MnO_4^- の量を求める（B 編 II.3「酸化還元滴定」を参照）．

（2） 学 習 の ポ イ ン ト

酸化還元反応の化学量論的関係，COD（化学的酸素要求量），河川の有機物汚染．

（3） 実　　験

a． 試 薬 の 調 製

- 0.05 M シュウ酸ナトリウム標準液 A：150〜200 ℃ で約 1 時間乾燥し，デシケーター中で放冷したシュウ酸ナトリウム（$Na_2C_2O_4$）（あらかじめ用意してある）を 3.350 g はかりとる．これを蒸留水に溶解し，500 mL メスフラスコに入れ一定容として，よく振り混ぜる．

- 0.005 M シュウ酸ナトリウム標準液 B：上記の 0.05 M 標準液 A を 25 mL ホールピペットで分取し，250 mL メスフラスコに移し，蒸留水で定容にする．

- 0.02 M 過マンガン酸カリウム標準液 A：過マンガン酸カリウム約 3.2 g を蒸留水約 1 L に溶解し，1〜2 時間静かに煮沸してからひと晩放置後，ガラス濾過器（G-4）で濾過，褐色びんに入れて保存する（この溶液は時間の都合上あらかじめ準備してある）．

- 0.002 M 過マンガン酸カリウム標準液 B：上記の 0.02 M 標準液 A を 25 mL ホールピペットで分取し，250 mL メスフラスコに移し，蒸留水で定容にする．この溶液の正確な濃度は 0.005 M シュウ酸ナトリウム溶液を用いて求める．
- 硫酸銀：市販品を粉末にする（あらかじめ用意してある）．

b.　0.002 M 過マンガン酸カリウム標準液 B の標定

蒸留水 50 mL を 200 mL コニカルビーカーにとり，3 M 硫酸を 10 mL 加え，次いでホールピペットで 0.005 M シュウ酸ナトリウム溶液 B を 10 mL 加え，60〜80 ℃ に加温する．

0.002 M 過マンガン酸カリウム標準液 B で滴定し，溶液が無色からわずかに淡紅色になった点を終点とする．滴定に要した液量を a (mL) とすれば，そのファクター（F）は $10.00/a$ である．

c.　河川水試料の COD の測定

1) 安全ピペッターを用いて，試料水の適量（50 mL）を 50 mL ホールピペットで 4 個の 200 mL コニカルビーカーにとる．3 M 硫酸を 10 mL 加え，硫酸銀粉末をミクロスパチュラで軽く 1 杯加えてよく振り混ぜる．次いでビュレットから 0.002 M KMnO$_4$ 標準液 B を 10 mL 正確に加え，5 分間鉄板あるいは金網上で加熱する．

2) 試料水が淡紅色を保持していれば，ホールピペットで 0.005 M シュウ酸ナトリウム標準液 B を正確に 10 mL 加える．溶液は無色になる．

3) 0.002 M KMnO$_4$ 標準液 B で滴定し，無色から淡紅色になった点を終点とする．

4) 試料水の代わりに蒸留水 50 mL を用い，上記と同様に操作して空（から）試験における滴定値（b）を求める[*1]．

COD の計算

試料水 V (mL) を用いた場合に滴定に要した 0.002 M KMnO$_4$ 標準液 B の量を a (mL)，空（から）試験値のそれを b (mL) とすれば，COD は次の式で表される．

$$\text{COD}\,(\text{O}_2\,\text{mg/L}) = \frac{1000}{V} \times F \times 0.002 \times 5 \times 8 \times (a-b)$$

（4）　結果の整理と考察

1) 河川水の COD を求め，その値の大小関係について考察せよ．

[*1] 当量関係から，0.002 M KMnO$_4$（$F = 1.000$）標準液 B 10.00 mL と 0.005 M シュウ酸ナトリウム標準液 B（$F = 1.000$）10.00 mL とが過不足なく反応する．したがって，シュウ酸ナトリウム標準液の濃度を KMnO$_4$ 標準液よりもいくぶん高めに調製しないと，空試験での滴定値が求められない．

参 考 文 献

日本分析化学会北海道支部編，水の分析（第 4 版），231-235，化学同人（1994）．

工場排水試験方法 JIS K 0102，42-44，日本規格協会（1998）．

3. 合 金 の 分 析

（1） 目 的 と 原 理

　合金は金属に別の金属や非金属を混合したものであり，さまざまな用途で使用されている．本実験では，黄銅（真鍮）製の釘と針金を硝酸に溶解し，その溶液中の銅イオンと亜鉛イオンの濃度を測定することで，黄銅中の銅と亜鉛の含量を決定し，その組成と物性を比較する．

　銅は，過剰のアンモニアと反応して，深青色の銅アンミン錯イオンを形成する（式（1））．この銅アンミン錯イオン溶液の濃度を吸光光度法で測定する．混在する亜鉛イオンもアンモニアと錯イオンを形成するが（式（2）），この錯イオンは無色であるため吸光度測定には影響しない．

　一方，亜鉛イオンの濃度は，混在する銅イオンによる妨害を防いだ上で（マスキング），キレート滴定法により測定する（式（3））．銅イオンのマスキング剤としてはチオ硫酸ナトリウムを用いる．吸光光度法については本書のA編「5. 吸光光度法」を，キレート滴定法はB編「II.4　キレート滴定」を参照せよ．

$$Cu^{2+}+4NH_3 \rightarrow [Cu(NH_3)_4]^{2+} \tag{1}$$
$$\text{銅アンミン錯イオン}$$

$$Zn^{2+}+4NH_3 \rightarrow [Zn(NH_3)_4]^{2+} \tag{2}$$
$$\text{亜鉛アンミン錯イオン}$$

$$Zn^{2+}+EDTA \rightarrow Zn^{2+}-EDTA\text{錯体} \tag{3}$$

（2） 学習のポイント

　合金の構造，種類，用途による物性の違い．複数金属イオン溶液中の特定金属イオンの定量．吸光光度法．キレート滴定法．

（3） 実 験 方 法

試料溶液の調製

　合金試料の約260 mgを電子天秤で正確に秤量して100 mLビーカーに入れる．ドラフトの中でこれに6 M HNO₃ 4 mLとイオン交換水6 mLを加え，加熱して溶解させ，引き続き蒸発濃縮する．ビーカーを室温まで放冷後，イオン交換水20 mLを加えて内容物を溶解する．溶解しない場合は6 M HClを1滴加え振り混ぜる．この操作を溶解するまで繰り返す．これを100 mLメスフラスコに移し，イオン交換水で定容としてよく振り混ぜる．これを試料溶液と

する.

a.　銅の定量（吸光光度法）

●検 量 線 の 作 成

　4本の 25 mL メスフラスコに 0.1 M 硫酸銅溶液（$F = 1.00$）の 0.00（硫酸銅を加えない，試薬ブランク），0.750，1.50，2.25 mL をチップを付けたマイクロピペットを用いてそれぞれ分取する（1.50 mL を分取するときは，0.75 mL を 2 回，2.25 mL の場合は 0.75 mL を 3 回取る）．この溶液にメートルグラスで 6 M NH$_3$ 2.5 mL を加え，イオン交換水で定容としてよく振り混ぜる．10 分静置後，試薬ブランクを対照として，吸光光度計で波長 610 nm の吸光度を測定する．得られたデータをグラフ用紙にプロットし，検量線を作成する（1.　鉄イオンの定量，図 1.2 参照，横軸の銅イオン濃度の単位は mol/L として良い）．

●試 料 溶 液 の 定 量

　試料溶液 10 mL をホールピペットで 1 個の 50 mL メスフラスコに分取する．この溶液にメートルグラスで 6 M NH$_3$ 10 mL を加え，イオン交換水で定容としてよく振り混ぜる．検量線作成時に調製した試薬ブランクを対照として，吸光光度計で吸光度を測定する．検量線を用いて試料溶液の銅濃度を求め，合金試料中の銅含有量（質量%）を計算する．

b.　亜鉛の定量（キレート滴定）

　試料溶液 10 mL をホールピペットで 4 個の 200 mL コニカルビーカーにそれぞれ分取する．各コニカルビーカーにイオン交換水約 20 mL，駒込ピペットで pH5（酢酸－酢酸ナトリウム）緩衝液 3 mL を加えて撹拌する．これに 10% チオ硫酸ナトリウム水溶液 2 mL を少しずつ加え，軽く振り混ぜる（溶液が無色透明になることを確認する．溶液が無色透明にならない場合は，振り混ぜながら 10% チオ硫酸ナトリウム水溶液を無色になるまで加える）．これに PAR 指示薬数滴を添加し，0.01 M EDTA 標準液で滴定する．赤紫色が黄色に変わった点を終点とする．終点近くでは，滴定をゆっくり行うこと．正確な滴定量を求め，その平均値を用いて計算する．EDTA は亜鉛イオンと 1：1 のモル比で反応することを利用し，化学量論的な計算を行い，合金試料中の亜鉛含有量（質量%）を求める．

（4）　結果の整理と考察

　合金中の各成分の質量百分率を求め，その合金の用途や特徴と組成の関係を考察せよ．

参 考 文 献

　科学の実験編集部編，先生と生徒のための化学実験，92-93, 共立出版（1957）
　東京大学教養学部化学教室，化学実験，106-112, 東京大学出版会（1963）
　赤堀四郎他監修，化学実験事典，741, 講談社（1973）

4．モール塩の組成分析

（1）　目 的 と 原 理
モール塩を合成し，その組成を調べる．

（2）　学習のポイント
複塩の構造（立体構造）と酸化還元滴定法について調べる．

（3）　実 験 方 法

a．硫酸鉄（II）アンモニウム（モール塩）の製造

20 g の硫酸鉄（II）結晶と 10 g の硫酸アンモニウムを，それぞれ数滴の濃硫酸を加えた 60〜70 ℃ のイオン交換水 30 mL に溶解してから両者を混合する．もし不溶の不純物があれば濾別する．濾液にきれいな鉄片を入れ，ゆるくゴム栓をしたままひと晩以上冷蔵庫に放置すると淡青緑色の結晶が析出する．吸引濾過，水洗し，濾紙に包んで乾燥する．乾燥した結晶の質量を測定する．

b．過マンガン酸カリウム滴定法による鉄の定量（B編 II.3「酸化還元滴定」の項参照）

硫酸鉄（II）アンモニウムは安定であるが，溶液中では空気によって酸化されるので，約 1 M 硫酸酸性溶液としておく．作製した**硫酸鉄（II）アンモニウム結晶約 4 g** をとり，正確にはかってメスフラスコに入れ，約 1 M H_2SO_4 を加えて 100 mL とし，分析試料とする．分析試料 10 mL をピペットでとり，三角フラスコに入れる．この中に，3 M H_2SO_4 約 5 mL とイオン交換水 10 mL をメスシリンダーを用いて加え，よくふり混ぜる．ビュレットから，0.02 M $KMnO_4$ 標準液を滴下して測定する．

c．$SO_4{}^{2-}$ の定量

硫酸鉄（II）アンモニウム結晶約 4 g をとり約 100 mL とし，沸騰するまで加熱する．0.5 M 塩化バリウム溶液を少しずつ加え，新たに沈殿が生じなくなったらそれまでに加えた量の約 20％をさらに加える．6 M HCl 2 mL を加え，ゆるやかに加熱したのち 3 時間放冷する．ガラスフィルター[*1] を用いて沈殿を吸引濾過する[*2]．沈殿を温水，20 mL のエタノールで洗う．このガラスフィルターを 120 ℃ にした乾燥器内で乾燥し，デシケーター内で放冷し秤量する．

[*1] 乾燥して恒量になったものを秤量してから用いる．

[*2] この操作は沈殿が非常に細かいので，すぐフィルターが目詰まりをおこしてうまくできない．その代わりに，遠心器を用いる方法（次ページ）で行なうとよい．

d. 結晶水の定量（重量分析法を用いる）

粉末にしたモール塩をるつぼに入れて加熱乾燥し（温度に注意せよ），その減量分を結晶水とせよ．どのようにして結晶水がなくなったことを判断すればよいか，調べてから実験する．

（4） 結果の整理と考察

実験で得られた結果より，合成したモール塩の各成分の割合を求め，分子式を推定せよ．

参 考 文 献

坂元義男他，総合化学実験法，51-53，三共出版（1966）．

赤堀四郎他監修，化学実験事典，420，867，講談社（1973）．

大学自然科学教育研究会，化学実験，50，東京教学社（1976）．

＊ 遠心器を用いた SO_4^{2-} の定量操作法

遠心器用の試験管（遠沈管）4 本の重さを精密に測定する（乾燥したもの）．

放冷して沈殿を生じた液を，遠心器用の試験管（遠沈管）4 本に入れ（水量が多い場合は上澄みを捨てる）遠心する．上部の液を捨て，温水を加えてよく撹拌しもう一度遠心する．

上部の液を捨て，乾燥機で乾燥する（120 ℃ ぐらいで 1 時間ほど）．

4 本の試験管の重さを測り，初めの重さとの差を沈殿の質量とする．

5．銅アンミン錯イオンの合成と組成決定

（1）　目 的 と 原 理
銅アンミン錯塩を作り，その組成，構造を調べる．

（2）　学習のポイント
配位化合物の構造，pH メーターの原理について調べる．

（3）　実 験 方 法
a．テトラアンミン銅（II）硫酸塩の合成
硫酸銅の結晶を乳ばちで粉末状にし，その 5.0 g（0.02 mol）をはかりとる．50 mL のビーカーに 8 mL の濃アンモニア水と 5 mL の蒸留水の混合液を作り，この中に硫酸銅粉末を加え，かき混ぜながら全部溶かす．エタノール 8 mL をビーカーの器壁に伝わらせながら静かに加え，時計皿でふたをし，ひと晩冷所に放置する．混合物をかき混ぜ，吸引濾過する（濾紙は底のところを三重にする）．結晶を濃アンモニア水とエタノールの 1：1 の混合液で 2 回洗い，次に，5 mL のエタノールで洗う．濾紙をロートより取り外し別の濾紙の上で乾燥する．乾燥した結晶の質量を測定する．

b．配 位 数 の 決 定
約 0.5 g の銅アンミン錯塩をイオン交換水に溶かして 250 mL の溶液を作る．この 10 mL（銅アンミン錯塩を水に溶かしたとき，微細な白色沈殿を生ずるが，試料溶液全体をよく振って均一な状態にして）をビーカーにとり，イオン交換水を加えて全体を約 50 mL にしてから，ビュレットより 0.02 M 硫酸を滴下していく．滴下するごとによく撹拌してから pH メーターを用いて pH を測定する．滴下した硫酸の体積と pH の関係をグラフに表す．

c．銅の定量（キレート滴定）
b 項の測定で作った銅アンミン錯塩溶液 10 mL に pH 5（酢酸－酢酸ナトリウム）の緩衝液 1〜2 mL を加え，60〜80 ℃ に加温し，これに PAN 指示薬[*1] を数滴加え，**0.01 M EDTA 標準液**で滴定し，赤紫が緑黄色になった点を終点とする．終点近くでは滴定をゆっくり行うこと．

[*1]　0.1% エタノール溶液として用いる．

（4）　結果の整理と考察

得られた結果を総合して，この錯塩の構造を推定せよ．

参 考 文 献

赤堀四郎他監修，化学実験事典，837-842，講談社（1973）.
上野景平，入門キレート化学，南江堂（1988）.
斎藤一夫，無機化合物，裳華房（1969）.

6．銅錯体の組成決定

（1）　目 的 と 原 理

銅錯体 $Cu_x(OH)_y(SO_4)_z \cdot n\,H_2O$ の組成（x, y および z）を決定する．

（2）　学習のポイント

配位化合物の構造，pH メーターの原理について調べよ．

（3）　実 験 方 法

a．塩基性塩中の OH^- 量の決定

200 mL ビーカーに 0.1 M 硫酸銅溶液 20 mL を正確にとり，さらに 100 mL のイオン交換水を加える．ビュレットより │0.2 M 水酸化カリウム│ を滴下し，その滴下量と pH 値を読み取る．pH 10 までで滴定をやめ，滴定曲線を作成する．曲線より OH^- の量を求める．

b．銅錯塩中の SO_4^{2-} の量の決定

a 項で生成した沈殿をガラスフィルター[*1] で濾過し，沈殿をよくイオン交換水で洗い室温で数日乾燥させ，沈殿の重さを秤量する．ガラスフィルター上の沈殿に 2 M HCl 約 50 mL を少量ずつ加えて溶解する．溶液にイオン交換水を加えて約 100 mL とし，沸騰するまで加熱する．0.5 M 塩化バリウム溶液を少しずつ加え，新たに沈殿が生じなくなったらそれまでに加えた量の約 20% をさらに加え，ゆるやかに加熱したのち 3 時間放冷する．ガラスフィルター[*1] を用いて沈殿を吸引濾過する[*2]．沈殿を温水，20 mL のエタノールで洗う．このガラスフィルターを 120 ℃ にした乾燥器内で乾燥し，デシケーター内で放冷し，秤量する．

c．銅の定量（キレート滴定）

b 項で硫酸バリウムの沈殿を濾別したときの濾液をメスフラスコで 250 mL にする．この溶液 25 mL を用いてキレート滴定で銅の量を求める．試料に pH 5（酢酸-酢酸ナトリウム）の緩衝液 1〜2 mL を加え，60〜80 ℃ に加温し，これに PAN 指示薬[*3] を数滴加え，0.01 M EDTA 標準液で滴定し，赤紫が緑黄色になった点を終点とする．終点近くでは操作をゆっく

[*1] 乾燥して恒量になったものを秤量してから用いる．

[*2] この操作は沈殿が非常に細かいので，すぐフィルターが目詰まりをおこしてうまくできない．その代わりに，遠心器を用いる方法（「4．モール塩の組成分析」の項を参照）で行うとよい．濾液分も必要であることに注意．

[*3] 0.1% エタノール溶液として用いる．

り行う.

（4）　結果の整理と考察

得られた結果を総合して，この錯塩の構造を推定せよ.

参 考 文 献

北大教養部化学教室編，化学実験，87-89，三共出版（1977）.
赤堀四郎他監修，化学実験事典，837-839，講談社（1973）.
鳥居泰男他訳，定量分析化学，161，培風館（1982）.

7. 鉄廃材を利用したモール塩の合成

（1） 目 的 と 原 理

古くぎや針金などの鉄廃材を利用すると，硫酸鉄(II) 七水和物を経由してモール塩あるいは鉄ミョウバンを合成することができる．複塩であるモール塩 $(NH_4)_2 \cdot Fe(SO_4)_2 \cdot 6\,H_2O$ や鉄ミョウバンは分析用試薬や単結晶作りに利用できる．ここではスチールウールを利用して硫酸鉄(II) 七水和物およびモール塩を合成する実験を通じ，化学変化における系統性，量論的関係や元素の保存性などの化学のもっとも基本的な概念を理解する．

（2） 学習のポイント

溶解度，モール塩，複塩，単結晶，無機化合物合成．

（3） 実 験 方 法

a． 鉄から硫酸鉄(II) 七水和物の合成

1）（ドラフトでの作業） $3\,M\,H_2SO_4$ 40 mL とスチールウール 2.8 g (0.05 mol) を 100 mL ビーカーに入れ，50 ℃ まで加温して溶解させる．水素による発泡現象が見られる．

2）（各自の実験台での作業） 発泡がやんだら，ひだ折り濾紙で未反応の鉄材と鉄中に含まれる炭素を濾過して除く．100 mL ビーカーに入れた濾液をホットスターラー上でかき混ぜ，液量をほぼ 25 mL に加熱濃縮する．10 ℃ に冷却後，析出した結晶をガラスフィルターで吸引濾過する（結晶が少ない場合には，濾液を再び加熱濃縮するとさらに結晶が得られる）．両方の操作で得られた結晶を濾紙にはさんで水分を除き，合計重量（湿重量でよい）を秤量する．粗結晶の収率を，鉄材が純粋な鉄単体のみから構成されているとして求める．

3）（精製：続けて b 項を行うときには省略） 沸騰温度で飽和溶液になるようにイオン交換水で粗結晶を溶かし，放冷して析出した結晶を吸引濾過する．結晶を濾紙にはさんで脱水し重量をはかり，硫酸鉄(II) 七水和物 $FeSO_4 \cdot 7\,H_2O$ としての収率を求める．

b． 硫酸鉄(II) よりモール塩の合成

表 7.1 の溶解度表を参考に，a 項で得られた硫酸鉄 (II) を 100 mL ビーカーに入れ，90 ℃

表 7.1 硫酸鉄(II) の溶解度
（$FeSO_4$/100g H_2O）

温度（℃）	20	40	66	90
溶解度（g）	26.0	40.3	55.0	37.3

で飽和溶液となるように計算された量の蒸留水を加えて加熱溶解する（およそ硫酸鉄(II) 14 g が熱湯 40 mL に溶ける）．この溶液を 70 ℃ に保っておく．その中に，硫酸鉄(II) の半分の重量の硫酸アンモニウムを 70 ℃ のお湯で溶かした溶液を加え，さらに 3 M H_2SO_4 2 mL を加える．この溶液を液量が 1/3 になるまでホットスターラーでかき混ぜながら加熱濃縮する．10 ℃ に溶液を冷却し，析出した結晶を吸引濾過する．得られた結晶を濾紙にはさんで水分を除き，減圧乾燥後秤量して収率を求める．

c. モール塩の結晶作り（特別実験，時間に余裕のある場合にのみ行う）

b 項で得られたモール塩の比較的大きい結晶 2〜3 個を残し，残りをビーカーに入れる．イオン交換水を少量ずつ加えて 90 ℃ で飽和溶液になるように熱溶液（モール塩 100 g に水 150 mL 程度の割合）を作る．室温近くまで冷えてから図 7.1 のようにモール塩の種（たね）結晶を吊るし，2〜3 日間静置して結晶を成長させる．

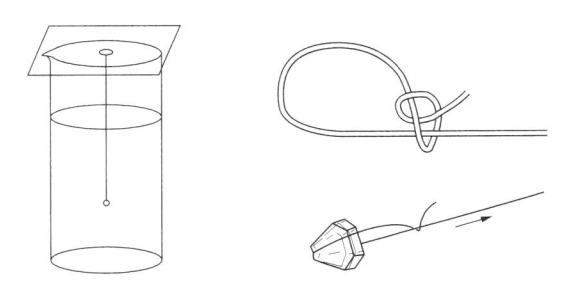

図 7.1　単結晶作りの方法

（4）　結果の整理と考察

1）　鉄材から硫酸鉄(II) を経てモール塩への変化の過程を化学反応式で示せ．

2）　鉄材から硫酸鉄(II)，モール塩が何％の収率で得られたか．

3）　モール塩はどのようなことに利用されているか調査せよ．

4）　表 7.1 を参考に，硫酸鉄(II) の溶解度曲線を作図し，その特徴を説明せよ．

参 考 文 献

　無機化学研究会編著，無機化学実験書，70-71，121，廣川書店（1980）．

　千谷利三，新版無機化学（下），1197-1198，産業図書（1966）．

8.　カリウムアルミニウムミョウバンの合成

（1）目 的 と 原 理

　日常目に触れるアルミホイルやアルミ缶は，容易に入手できる金属単体のひとつである．このアルミホイルやアルミ缶を用いて無機化合物・複塩のひとつであるカリウムアルミニウムミョウバン $KAl(SO_4)_2 \cdot 12 H_2O$ を合成する．実験から得られた結晶量と化学反応式から求められる理論量を比較検討し，併せて複塩や溶解度の概念を理解する．

（2）学習のポイント

　単体，溶解度，ミョウバン，複塩，単結晶，無機化合物合成．

（3）実 験 方 法

1)（ドラフトでの作業）　アルミホイル 1 g を 300 mL ビーカーにとり，これに 10 w/v % NaOH 水溶液 25 mL を少量ずつ加える（溶液の飛沫が顔にかからないように注意）．反応が鈍くなったらビーカーを振り動かし，70 ℃ まで加熱する．10 分間放置したのち，10 % NaOH 水溶液 25 mL をさらに加えよくかき混ぜる．

2)（各自の実験台での作業）　残留物を濾過して除いてから濾液を 500 mL ビーカーに入れ 70 ℃ に加熱しておき，この中に濃硫酸 6 mL を 20 mL のイオン交換水で希釈した液の半量をかき混ぜながら加え中和する（pH 試験紙で中性を確認）．水酸化アルミニウム Al(OH)$_3$ が白色沈殿として析出してくるから，その後 20 ℃ まで冷えたら吸引濾過する．沈殿に熱湯 5 mL を注ぎ洗浄・吸引濾過する．

　　洗浄作業をさらに 2 回繰り返す．あらかじめ沸騰させておいた上の操作の残りの硫酸を入れた 200 mL ビーカー中に，洗浄後の沈殿を注意深く少しずつ加え沈殿を徐々に溶かす．完全に溶けきれない場合には，用いた希硫酸と同じ濃度の希硫酸を新たに調製して加え，ほとんどの沈殿を溶かす．

　　硫酸カリウム 1.5 g を熱湯 20 mL に溶かした溶液を上の溶液に加え，一度吸引濾過する．濾液に濃硫酸 2～3 滴を加えてから液量が約 20 mL になるまで加熱濃縮する．

　　15 ℃ まで冷却し，析出した結晶を吸引濾過する（結晶が少なければ，濾液をさらに加熱濃縮し，析出した結晶を吸引濾過して先の結晶と合わせる）．結晶を濾紙にはさみ，よく押しつけて水分を除いてから，重量既知の 50 mL ビーカーに入れ，減圧乾燥して生成量を求める．

3)（特別実験）　得られた結晶の中から 3～6 mm 程度の形のよい単結晶をいくつか残し，残りの結晶は表 8.1 を参考にして，室温で 20 % 程度の過飽和溶液になるように水の量を

表 8.1 100 g の水に可溶な $KAl(SO_4)_2$ のグラム数

温度（℃）	0	15	20	25	30	60	92.5	100
溶解量（g）	2.95	5.04	5.90	7.23	8.40	24.8	119.5	154

加減したのち，加熱溶解する．溶液を冷却して室温近くなったら，種（たね）の結晶を C 編「7．鉄廃材を利用したモール塩の合成」の図 7.1 のようにしてひもに結びつけ，容器の器壁に接触しないようにして冷蔵庫中に数日間保存する．ときどき様子を観察し，できるだけ大きな結晶を得るようにする．

（4）　結果の整理と考察

1) 得られたカリウムアルミニウムミョウバンの収率は，用いたアルミホイルの量を基準にして何％になったか．値が妥当であるかどうかを論じよ．
2) アルミホイルを溶かしたときの未溶解残留物は何か．成分を調べ考えよ．
3) ミョウバンにはほかにどのようなものがあるか．例をあげてそれぞれの用途を考察せよ．
4) 溶解度について，いくつかの無機化合物を例にとり説明せよ．
5) 複塩を説明せよ．ほかにどのような複塩があるか．

参 考 文 献

無機化学研究会編著，無機化学実験書，52-54，廣川書店（1980）．
浅田・内出・小林，新無機化学実験，58-77，技報堂（1983）．
千谷利三，新版無機化学（上），398-399，産業図書（1966）．

9. エステルの加水分解

(1) 目 的 と 原 理

種々の温度でエステルの加水分解を行い，その反応速度定数を測定し，活性化エネルギーを求める．

酢酸エチルは，酸の水素イオン H^+ の触媒作用により，酢酸とエタノールに加水分解される．

$$CH_3COOC_2H_5 + H_2O \xrightarrow{H^+} CH_3COOH + C_2H_5OH$$

この反応は本来二次反応であるが，水を大量に用いると一次反応に擬して扱うことができる．

(2) 学習のポイント

反応速度，活性化エネルギーの理論について調べよ．

(3) 実 験 方 法

a. 速度定数の測定

三角フラスコに 0.5 M HCl 100 mL をメスシリンダーではかって入れる．この溶液の温度を一定に保っておく（測定温度）．4個の 100 mL ビーカーには，それぞれイオン交換水 50 mL を入れておく．5 mL ホールピペットで酢酸エチルをとり，これを 0.5 M HCl の入っている三角フラスコに流下しつつよく混合し，すぐに，この混合物から 5 mL をとり，これを 50 mL のイオン交換水の入っているビーカーに入れる．

この際，ピペットの腹の中央部を液面が通過した時刻を $t = 0$（開始点）とし，またイオン交換水に注いでからは，液が薄められるので反応は止まったとみなせるものとする．これをフェノールフタレイン指示薬により，$\boxed{0.2 \text{ M NaOH 標準液}}$ で滴定し，滴定値を t_0 とする．

続いて約5分間隔で2回，10分間隔で3回，20分間隔で2回はかる．各時刻における滴定値を v_t とする．次いで，水浴中 40〜50 ℃ で，20〜30分間加熱してから，フラスコに水道水をかけて冷却後，前と同様に滴定して $t = \infty$ とする．

b. 活性化エネルギーの測定

測定温度を変えて，反応速度をはかり，活性化エネルギーを決める．

(4) 結果の整理と考察

測定値 $\log\left(\dfrac{1}{v_\infty - v_t}\right)$ と時間 (t) を片対数グラフにプロットし，それらの点にもっともよ

く適合する直線を引く，得られた直線の勾配から速度定数 k を求める．さらに異なる温度での速度定数 k_i と測定温度 T_i を用いて片対数グラフにプロットし，得られた直線の勾配から活性化エネルギー E_A を求めよ．

参 考 文 献

今井　弘他，基礎化学実験，114-116，培風館 (1983).

鮫島実三郎，物理化学実験法，389-392，裳華房 (1968).

10. 過酸化水素の分解速度の測定（1）

（1） 目 的 と 原 理

鉄ミョウバン $(NH_4)_2Fe_2(SO_4)_4\cdot24\,H_2O$ を触媒として過酸化水素を分解する反応における，反応速度定数，活性化エネルギーを求める．

（2） 学習のポイント

反応速度，活性化エネルギーの理論について調べよ．

（3） 実験方法

a． 速度定数の測定（B 編 II.3「酸化還元滴定」の項参照）

三角フラスコに約 0.6％の過酸化水素水 200 mL をメスシリンダーではかって入れる．この溶液の温度を一定に保っておく（測定温度）．10 個の 200 mL 三角フラスコには，それぞれ 6 M 硫酸 5 mL とイオン交換水 50 mL を入れておく．

ホールピペットで鉄ミョウバン溶液（0.2 M）5 mL を過酸化水素水の入っている三角フラスコに流下しつつよく混合し，すぐにこの混合物から 10 mL をとり，これを 50 mL のイオン交換水の入っている三角フラスコに入れる．

この際，ピペットの腹の中央部を液面が通過した時刻を $t = 0$（開始点）とし，またイオン交換水に注いでからは，液が薄められるので反応は止まったとみなせるものとする．

これを 0.02 M 過マンガン酸カリウム標準液で滴定し，滴定値を v_0 とする．続いて約 5 分間隔で 4 回，10 分間隔で 3 回，20 分間隔で 2 回はかる．各時刻における滴定値を v_t とする．これらのデータより速度定数を決定する．

b． 活性化エネルギーの測定

測定温度を変えて，反応速度定数をはかり，活性化エネルギーを決める．

（4） 結果の整理と考察

測定値（v_t）と時間を片対数グラフにプロットし，それらの点にもっともよく適合する直線を引く．得られた直線の勾配から速度定数 k を求める．さらに異なる温度での速度定数 k_i と測定温度 T_i を用いて片対数グラフにプロットし，得られた直線の勾配から活性化エネルギー E_A を求めよ．

参 考 文 献

丸田銓二郎，化学基礎実験，111-113，三共出版（1971）.

11.　過酸化水素の分解速度の測定（2）

（1）　目 的 と 原 理

a.　目　　的

　過酸化水素は，鉄ミョウバン $(NH_4)_2Fe_2(SO_4)_4 \cdot 24\,H_2O$ などが触媒になって分解する．この反応の分解速度を，発生する酸素量の測定から求め，過酸化水素分解反応が一次反応であることを学習する．

b.　原　　理

H_2O_2 分子が H_2O と O_2 に分解する反応

$$H_2O_2 \longrightarrow H_2O + \frac{1}{2}\,O_2 \tag{1}$$

この反応の速度は

$$-\frac{\mathrm{d}\,[H_2O_2]}{\mathrm{d}t} = k\,[H_2O_2] \tag{2}$$

ただし，$[H_2O_2]$ は H_2O_2 の濃度，k は一次反応速度定数である．t を反応時間として，（2）式を積分すれば

$$\log\,[H_2O_2] = -\frac{kt}{2.303} + \log\,[H_2O_2]_0 \tag{3}$$

　一定量の過酸化水素が分解を始めてから時刻 t までに体積 v_t の酸素が発生したとする．また，分解開始前の過酸化水素を完全に分解したときに発生する酸素が，測定条件下で占める体積を v_0 とすると，（3）式で

$$[H_2O_2] = (v_0 - v_t), \quad H_2O_2 \text{の初濃度} = [H_2O_2]_0 = v_0$$

と置き換えることにより

$$\log\,(v_0 - v_t) = -\frac{kt}{2.303} + \log v_0 \tag{4}$$

　分解開始前の過酸化水素が完全に分解したときに発生する酸素が標準状態で占める体積（理論値）を $v_0{}'$ とすると，

$$v_0 = v_0{}' \times \frac{T}{273} \times \frac{760}{p - p_v} \tag{5}$$

と求められる．ただし，$T\,(K)$ は室温，$p\,(mmHg)$ は大気圧，$p_v\,(mmHg)$ は室温における水蒸気圧である．したがって，時間を追って v を測定し，$\log\,(v_0 - v_t)$ 対 t の直線グラフの傾きから反応速度定数 k が求まる．

（2）　学習のポイント

一次反応，反応速度，触媒反応，活性化エネルギー，対数方眼紙．

（3）　実　験　方　法

a．　0.02 M KMnO$_4$溶液の標定

シュウ酸ナトリウムを標準試薬として，B 編 II.3「酸化還元滴定」の記載に準拠し，正確な濃度を決める．

b．　過酸化水素水の調製と初濃度の決定

3% H$_2$O$_2$水（オキシドール）50 mL を安全ピペッター付きホールピペットで 100 mL メスフラスコにとる．イオン交換水を加えて正確に 100 mL とし，この溶液 2 mL をホールピペットでコニカルビーカーに入れる．イオン交換水 20 mL および 9 M H$_2$SO$_4$ 5 mL を加え a 項で標定した 0.02 M KMnO$_4$溶液をビュレットから滴下する．最初はピンク色の消失が遅いが，滴定が進むとただちに KMnO$_4$ の紫色が消えるようになる．よくかき混ぜて 30 秒経過しても淡い赤紫色が消失しない点を終点とする．3 回の滴定の平均値から H$_2$O$_2$ の初濃度を決定する．計算により求められた濃度より，（1）および（5）式を用いて，以下の実験に用いる 1.5% 過酸化水素水 10 mL を完全に分解したときに発生する酸素の理論量 v_0 を求める．

c．　過酸化水素分解反応の遂行と発生酸素量の測定

1)　ガスビュレットを図 11.1 のように組み立てる．発生する酸素が漏れないように，管の

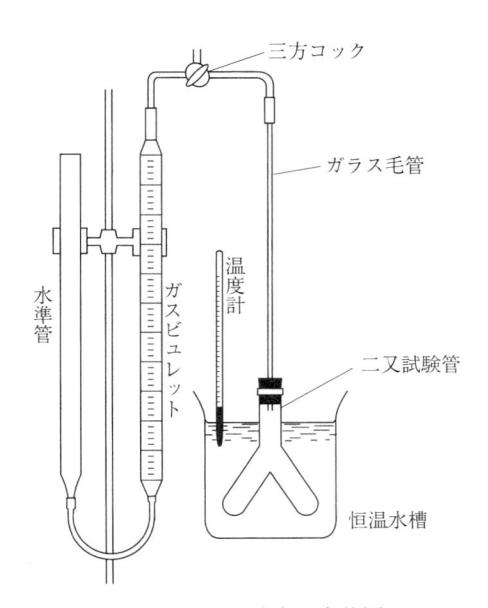

図 **11.1**　発生酸素測定装置

接続部とゴム栓をしっかり止める．水槽の温度を 20 ℃ に保つ（槽に温水・冷水を加え，実験中の水温を 20±1 ℃ に維持する）．

2）　ホールピペットで二又試験管の主管に 1.5% 過酸化水素水 10 mL，枝管に 0.2 M 鉄ミョウバン溶液 2 mL をとる．互いの液が混じらないように注意する．

3）　二又試験管にゴム栓を取り付け，容器の首近くまで水槽に浸す．15 分間放置し溶液の温度を水槽温度と等しくする．この間，三方コックはセット内の気相と大気とを通じさせておく．ガスビュレットの液面の読みが 0 になるように水準ロートの高さを調整し，一致したら三方コックを回転して反応系を大気から遮断する．

4）　反応容器を傾け，素早く 0.2 M 鉄ミョウバン溶液を完全に過酸化水素水のほうに注ぐ．軽く振ってよく混合する．このときの時刻を $t = 0$ とする．

5）　1 分間隔でガスビュレットの目盛を読み，発生酸素の体積を測定する．すなわち，水準ロートを下げながらガスビュレットの水面の高さと合わせ，その位置でガスビュレットの目盛を読む（水面の高さをそろえるのは，常に大気圧下での気体の体積を測定するためである）．

6）　実験中はたえず試験管を振り続け，測定は 30 分間行う．

7）　水温を 30，40，50 ℃ に調整して，1）〜6）の操作を繰り返す．

（4）　結果の整理と考察

1）　$(v_0 - v)$ 対 t を片対数グラフ用紙にプロットして k（min^{-1}）を求めよ．

2）　速度定数 k と絶対温度の逆数との関係（k 対 $1/T$）を，直線関係が得られるように座標軸を工夫しグラフ化し，その結果から活性化エネルギーを求めよ．

3）　鉄ミョウバンが分解にどのようにかかわっているか，役割を説明せよ．

4）　反応速度定数と反応温度の間にはどのような関係があるか．また，活性化エネルギーの値からこの反応が起こりやすい反応か否かを論述せよ．

参 考 文 献

東京大学教養学部化学教室編，化学実験，123-130，東京大学出版会（1979）．
赤堀四郎他監修，化学実験事典，908-910，講談社（1993）．

12. ヨウ化カリウムと過酸化水素との反応の反応速度

（1） 目 的 と 原 理

ヨウ化カリウムと過酸化水素は次のように反応する.

$$3\,I^- + H_2O_2 + 2\,H^+ \longrightarrow I_3^- + 2\,H_2O \tag{1}$$

反応液中にチオ硫酸イオンが存在すると，生成した I_3^- は即座に反応してヨウ化物イオンになり，液中に現れてこない.

$$2\,S_2O_3{}^{2-} + I_3^- \longrightarrow S_4O_6{}^{2-} + 3\,I^- \tag{2}$$

チオ硫酸イオンがなくなるとヨウ素が遊離し，系内にデンプンが存在すればそれと反応し青色を呈する. この青色を呈するまでの時間から反応（1）の反応速度定数が求まる.

（2） 学習のポイント

反応速度の理論，およびヨウ素滴定について調べる.

（3） 実 験 方 法

a. 溶 液 の 調 製

A 液：0.1 M ヨウ化カリウム 100 mL.

B 液：100 mL の沸騰水に，0.5 g のデンプンをイオン交換水と混ぜた懸濁液を加えてデンプンを溶解する. 冷却後，0.06 M チオ硫酸ナトリウム溶液 10 mL を加え，イオン交換水を加えて 250 mL にする.

C 液：100 mL のイオン交換水に 30% 過酸化水素水 5 mL，6 M 酢酸 8 mL を加え，イオン交換水を加えて 250 mL にする.

b. 反応速度定数の測定

5 本の大型試験管に A 液（ヨウ化カリウム溶液）を 10，8，6，4，2 mL ずつ入れ，蒸留水を加えて 10 mL にする. それぞれの試験管に B 液（チオ硫酸ナトリウム溶液）5 mL を加える.

別の 5 本の試験管に C 液を 5 mL ずつとる. 10 本の試験管を一定温度の水浴につけ，10 分ほど放置後 A 液と B 液の混合液に C 液を加えよく振り混ぜる. しばらくすると遊離したヨウ素がデンプンと反応して，液が青色に変化する. 混合してから青色に変化するまでの時間を測定する.

c. 活性化エネルギーの測定

3 つの異なった温度で速度定数を測定し，反応の活性化エネルギーを求める.

（4）　結果の整理と考察

それぞれの場合について混合溶液中のヨウ化カリウムの濃度と反応速度を計算し，その関係をグラフ化する．得られた直線の勾配から速度定数 k を求める．さらに，異なる温度での速度定数 k_i と測定温度 T_i を用いて片対数グラフにプロットし，得られた直線の勾配から活性化エネルギー E_A を求めよ．

参 考 文 献

赤堀四郎他監修，化学実験事典，500，講談社（1973）.

13. ショ糖の転化速度の測定

（1） 目 的 と 原 理

a． 目的

ショ糖の転化速度を旋光計によって測定し，一次反応の反応速度，反応速度と温度の関係，および活性化エネルギーの概念を学ぶ．

b． 原理

1） 旋光現象

直線偏光した光がショ糖（$C_{12}H_{22}O_{11}$）の水溶液を通過すると，図に示したように偏光面が変化（回転）する．この現象を**旋光**といい，旋光を発現する性質を**光学活性**という．この図では，入射電場ベクトルが試料を通過した後に右回りに回転しているので**右旋性**という．左回りに回転する場合は**左旋性**という．不斉炭素を有する分子の多くが光学活性である．

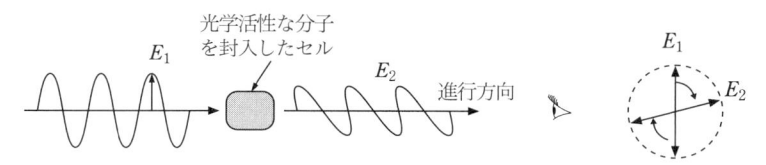

光学活性な分子を封入したセル

E_1 E_2 進行方向 E_1 E_2

光の進行方向から見た電場ベクトル．
試料を通過すると回転している．

図 13.1

電場ベクトルが回転する角度を旋光度といい，水溶液中のモル濃度に比例している．特定の温度と波長について，単位濃度と単位光路長あたりの旋光度を**比旋光度**といい，

$$[a]_\lambda^T = \frac{100 \times a_i}{l \times p} \qquad (1)$$

で表される．式中の記号の意味は以下のとおりである．

a_i：観測された旋光度（°）

l：物質層の厚さ（dm）

p：溶液の濃度（g/100 mL）

T：温度

λ：光の波長（589nm）

2） ショ糖の転化と一次反応

ショ糖（$C_{12}H_{22}O_{11}$）は酸性水溶液において加水分解され，次に示すようにグルコースとフルクトースに転化する．

ショ糖の転化は，一次反応である．一次反応とは，反応速度が反応物質の濃度の一次に比例する反応である．すなわち，ショ糖の濃度を $[C]$ とするとき，その反応（転化）速度は，

$$-\frac{\mathrm{d}[C]}{\mathrm{d}t} = k[C] \tag{2}$$

で表される．式 (2) の k を反応速度定数という．

開始時刻 $t = 0$ の時のショ糖の濃度を $[C]_0$ として，$t = 0$ から時刻 t まで積分すると，時刻 t における濃度 $[C]$ を求めることができる．すなわち，

$$-\int_{[c]_0}^{[C]} \frac{\mathrm{d}[C]}{[C]} = \int_0^t k \, \mathrm{d}t \tag{3}$$

を計算して，

$$[C] = [C]_0 \, e^{-kt} \tag{4}$$

が得られる．式 (4) からわかるように，ショ糖の濃度は，転化によって時間と共に指数関数的に減少することがわかる．したがって，ショ糖の濃度に比例する物理量の時間変化を測定すれば，反応速度定数 k を求めることができる．濃度に比例する物理量として，ここでは旋光を利用する．

反応物であるショ糖および，生成物であるグルコースやフルクトースの糖類は，いずれも光学活性である．それらの比旋光度 $[a]_D^{20}$ は，ショ糖，D-グルコース，D-フルクトースについてそれぞれ $+64.5°$，$+53°$，$-92°$ である．これら 3 種類の混合溶液ではそれぞれの比旋光度に濃度をかけたものが混合溶液の比旋光度となる．よって，混合溶液の比旋光度の時間変化を測定すればショ糖の転化速度を知ることができる．

3） 旋光度と反応速度

開始時刻 $t = 0$，ある時刻 $t = i$，および時刻 $t = \infty$ における水溶液の旋光度をそれぞれ a_0，a_i，a_∞ とすると，$a_0 - a_\infty \propto [C]_0$，$a_i - a_\infty \propto [C]$ の関係にあるので，式 (4) を用いれば，

$$\frac{a_i - a_\infty}{a_0 - a_\infty} = e^{-kt} \tag{5}$$

となる．式 (5) の両辺の自然対数をとると，

$$\ln\left(\frac{a_i - a_\infty}{a_0 - a_\infty}\right) = \ln(a_i - a_\infty) - \ln(a_0 - a_\infty) = \ln(e^{-kt}) = -kt \tag{6}$$

となる．$\ln(a_0 - a_\infty)$ は定数なので右辺に移項して，次の式が得られる．

$$\ln(a_i - a_\infty) = -k \times t + \ln(a_0 - a_\infty) \tag{7}$$

このように，時間 t と $\ln(a_i - a_\infty)$ は直線の関係にあるので，その傾きからある温度における
ショ糖の転化反応速度定数 k が得られる．

4）　活性化エネルギーとアレニウス式

反応速度定数 k の値は温度に依存し，次のアレニウス式で表される．

$$k = Ae^{-\frac{E_a}{RT}} \tag{8}$$

ここで E_a は反応の活性化エネルギー，R は気体定数，T は絶対温度である．また，指数関数
の前にかかる A は k と同じ次元をもち，温度に依存しない定数である（頻度因子という）．活
性化エネルギーとは，反応が進行するために越えなければならないエネルギー障壁と考えてよ
い．式（8）の両辺の自然対数をとると，

$$\ln k = \ln\left(Ae^{-\frac{E_a}{RT}}\right) = -\frac{E_a}{R} \times \frac{1}{T} + \ln(A) \tag{9}$$

となる．つまり，各温度で得られた反応速度定数 k の自然対数を縦軸，絶対温度の逆数 $1/T$
を横軸として描いたグラフの直線の傾きから，ショ糖の転化の活性化エネルギー E_a を求める
ことができる．

（2）　学習のポイント

糖の分子構造，旋光の理論，一次反応，および活性化エネルギーについて調べよ．

（3）　実験方法

a.　グループごとに用意する器具

200 mL ビーカー	1 個	ストップウォッチ	1 個
50 mL メスフラスコ	1 個	観測管：長さ 2 dm	1 本
100 mL ビーカー	3 個	恒温槽	1 台
10 mL メートルグラス	1 個	温度計	1 本

b.　溶液の調製

1）　ショ糖溶液：ショ糖 10 g を電子天秤ではかりとる．100 mL ビーカー中で，約 40 mL
のイオン交換水でショ糖を完全に溶かす．最後に 50 mL メスフラスコに移して，イオン
交換水で定容としてよく振り混ぜる．

2）　1 M HCl の調製：6 M HCl 2 mL をイオン交換水で希釈して全体を 12 mL とする．

c. 反応速度定数の測定

1) 恒温槽に適量の水道水を入れる．目的の温度に設定し，一定温度になるまで待つ．

2) ショ糖溶液と 1 M HCl それぞれ 12 mL ずつを 100 mL ビーカーにとり，それらを 5 分程度恒温槽に浸し，恒温槽の水温と同じ温度にする．

3) 恒温になったら，両液を素早く混合する．この時刻を時間の原点（$t = 0$）とする．

4) 混液を観測管に移し，素早く旋光度を測定する．その値を a_0 とする．その後，そのまま恒温槽に浸し，適当な時間ごとに同じ操作を繰りかえし旋光度を測定する．測定は，300 秒間隔で 2 回，600 秒間隔で 5 回，1200 秒間隔で 1 回行う．各時刻 t_i における旋光度を a_i とする．測定は，30，35，40，45 ℃ の各温度で行う．下の表をノートに書いて，時間と旋光度の対応がはっきりとわかるように正確に記録する．

5) 最後に $t = \infty$ の旋光度を次の手順で求める．水浴中 40〜50 ℃ で，15 分間加熱する．その後湯浴から取り出して 2，3 分間放冷後，旋光度を測定する．

表 13.1

時間 t_i / 秒	0	300	600	1200	1800	2400	3000	3600	4800	∞
旋光度 a_i / °										

d. 実験時に行う課題

次の課題を，実験終了時までにノートに書いて終了時に教員のチェックを受ける．

初期条件の $t = 0$ ではショ糖のみ，$t = \infty$ ではショ糖の転化が完全に進行して D–グルコースと D–フルクトースのみになると仮定して，それぞれの比旋光度の値を用いて今回の実験条件における a_0 および a_∞ の値を予想せよ．ただし，旋光角は加成性があり，各物質の濃度に比例するとする．計算した予想値と実測値を比較せよ．

（4）　結果の整理と考察

1) 測定値 $\ln(a_i - a_\infty)$ を縦軸に，時間 t を横軸にプロットする．これが直線になると仮定して（式（7）参照），最も適当な直線を引き，その傾きから反応速度定数 k を 2 桁で求めよ（単位は s^{-1} とする）．測定したそれぞれの温度における反応速度定数の値を比較し，温度と反応速度定数の間の関係を議論せよ．

2) 各温度で得られた反応速度定数の自然対数 $\ln(k)$ を縦軸に，対応する温度 T（絶対温度）の逆数を横軸にとってプロットする．各点を適当な直線で結ぶ．その直線の傾きから活性化エネルギー E_a（kJ/mol）を有効数字 2 桁で求めよ（式（9）参照）．

参　考　文　献
千原秀昭，徂徠道夫　編　　物理化学実験法　第 4 版　東京化学同人（2002）．

14. メチルオレンジの pK_a の決定

(1) 目 的 と 原 理

a. 目 的

吸光光度法による pH 指示薬の酸解離平衡の解析法を学び，メチルオレンジの pK_a を決定する．

b. 原 理

メチルオレンジは pH 指示薬として使われ，その水溶液は変色域（pH 3.1〜4.4）よりも酸性側で赤色，塩基性側で黄色を呈する．メチルオレンジは酸であり，メチルオレンジを水に溶かすと，式（1）の化学平衡が成立する．

(1)

この化学平衡をメチルオレンジの酸解離平衡という．酸性側では式（1）の左辺の分子の状態（赤色）で主に存在し，塩基性側では右辺の陰イオンの状態（黄色）で主に存在する．

式（1）の左辺のメチルオレンジの分子を HX，右辺のメチルオレンジの陰イオンを X^- と表記すると，式（1）の平衡定数は

$$K = \frac{[X^-][H_3O^+]}{[HX][H_2O]} \tag{2}$$

と書ける．希薄溶液では $[H_2O]$ は定数とみなすことができるので，通常，

$$K_a = K \times [H_2O] = \frac{[X^-][H_3O^+]}{[HX]} \tag{3}$$

を平衡定数として扱う．K_a をメチルオレンジの酸解離定数という．式（3）の両辺の $-\log_{10}$ をとると，

$$pK_a = pH - \log_{10}\frac{[X^-]}{[HX]} \tag{4}$$

となる．ただし，

$$pK_a = -\log_{10} K_a \tag{5}$$

$$pH = -\log_{10}[H_3O^+] \tag{6}$$

である.

　水溶液中のメチルオレンジは HX または X^- の状態で存在するため,水溶液中の HX の物質量と X^- の物質量の和は溶かしたメチルオレンジの物質量に等しい.このため,

$$[HX]+[X^-] = c \tag{7}$$

が成り立つ.ただし,c は溶かしたメチルオレンジの物質量を水溶液の体積で割った値であり,初期濃度と呼ばれることがある.次に,ある波長の光に対する HX,X^- のモル吸光係数をそれぞれ ε_{HX},ε_X とすると,ランベルト・ベールの法則を使って,メチルオレンジ水溶液の吸光度 A は,

$$A = \varepsilon_{HX}[HX]d + \varepsilon_X[X^-]d \tag{8}$$

と書ける.ここで,d は光路長である.pH によって,ε_{HX},ε_X,d は変化しないが,$[HX]$ と $[X^-]$ は変化するので,A の値は pH で変わる.

　メチルオレンジの水溶液に無色の酸や塩基を入れて pH を変えても,式(7)と式(8)は成立する.式(1)より,酸性の極限の水溶液では,メチルオレンジはすべて HX になっている.その水溶液の吸光度を A_a とすると,

$$A_a = \varepsilon_{HX}\,cd \tag{9}$$

と書ける.一方,塩基性の極限の水溶液では,メチルオレンジはすべて X^- になっている.その水溶液の吸光度を A_b とすると,

$$A_b = \varepsilon_X\,cd \tag{10}$$

と書ける.式(9)と式(10)を使うと,式(8)は,

$$cA = A_a[HX]+A_b[X^-] \tag{11}$$

と書き換えることができる.式(11)に式(7)を代入すると,

$$\frac{[X^-]}{[HX]} = \frac{A_a-A}{A-A_b} \tag{12}$$

となり,式(4)は,

$$pK_a = pH-\log_{10}\frac{A_a-A}{A-A_b} \tag{13}$$

となる.

　本実験では,式(7)の c が等しく,pH が異なる水溶液をいくつか調製し,それぞれの水溶

液の pH と吸光度を測定する．その測定値を使って，横軸 pH，縦軸 A のグラフを作成したのが図 14.1 である．式 (13) の第 2 項が 0 になるときの pH が pK$_a$ になる．このとき，

$$A = \frac{A_a + A_b}{2} \tag{14}$$

が成立する．図 14.2 は横軸が pH，縦軸が式 (13) の右辺第 2 項のグラフである．そのグラフは傾き 1 の直線になり，その x 切片が pK$_a$ になる．この方法では，最小二乗法で直線の式を決定し，pK$_a$ を求める．<u>本実験では図 14.2 の方法で pK$_a$ を求める．</u>

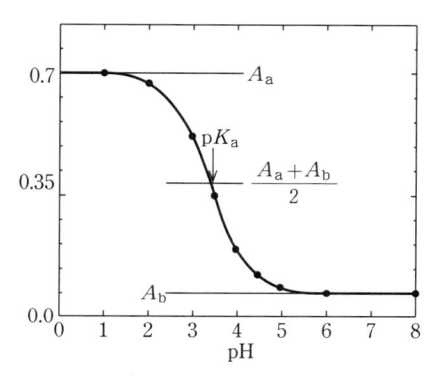

図 14.1　pH と吸光度 A のグラフ

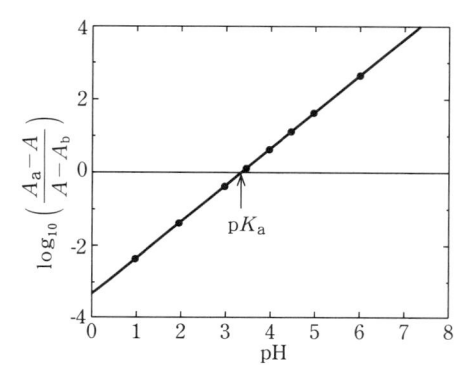

図 14.2　pH と $\log_{10}\left(\dfrac{A_a - A}{A - A_b}\right)$ のグラフ

（2）　学習のポイント

酸解離平衡および吸光光度法について調べよ．

（3）　実 験 方 法

a.　メチルオレンジ溶液の調製

乾燥した 50 mL ビーカーにメチルオレンジ約 0.01 g を量り取り，電子天秤でその質量を量る．これにイオン交換水約 30 mL を入れ，溶解する．溶けにくいときは湯浴につけて溶かす．これを 100 mL のメスフラスコに移し，イオン交換水で定容する．

b.　緩衝液の調製

リン酸 2.71 mL，酢酸 2.36 mL，ホウ酸 2.47 g をイオン交換水に溶かして 1 L にして，緩衝液を調製する．実験では，調製したものを配布する．

c.　試料溶液の調製

メチルオレンジの濃度が同じで pH が異なる試料溶液を 8 種類調製し，それぞれの溶液の pH，吸光度，可視紫外吸光スペクトルを測定する．pH は，緩衝液，0.2 M NaOH 水溶液，

6 M HCl 水溶液を混合して調製する．その混合比を表 14 に示す．0.2 M NaOH 水溶液は 6 M NaOH 水溶液を希釈して各自で作成すること．各試料溶液は次の 1)〜4) の手順で調製する．

1)　表 14.1 に指定された量の緩衝液をメスシリンダーで計り取って，200 mL ビーカーに入れる．

2)　No.1〜7 では，同じメスシリンダーで（洗浄せずそのまま），指定された量の 0.2 M NaOH 水溶液を計り取って 1) の 200 mL ビーカーに加える．No.8 では，2 mL の 6 M HCl 水溶液を 10 mL メートルグラスを用いて計り取って 1) の 200 mL ビーカーに加える．

3)　100 mL メスフラスコをイオン交換水でよくすすいでから，水をきる．

4)　メチルオレンジ溶液 5 mL をホールピペットで分取し，3) のメスフラスコに入れ，2) で調製した緩衝液を加えて 100 mL 定容とし，よく混合する．

表 14.1　混合比

No.	1	2	3	4	5	6	7	8
緩衝液/mL	55	90	99	99	99	99	99	110
0.2 M NaOH aq./mL	55	27	25	22	20	18	10	0
6 M HCl aq./mL	0	0	0	0	0	0	0	2

d.　吸光度・スペクトル測定

測定セルを少量の試料溶液で 2〜3 回共洗いしてから，試料溶液を全体の 7 割程度入れる．測定セルは 2 面が透明（光が透過する面）で，残り 2 面が不透明なスリになっている．透明な面には触れないように注意し，セルの外側をキムワイプ等でよく拭く．可視紫外分光光度計に測定セルをセットする．測定波長が 530 nm であることを確認し，吸光度を測定し，その値を実験ノートに記録する．

次に，250 nm〜650 nm の波長領域の可視紫外吸収スペクトルを測定し，データファイルを各自の USB メモリに保存する．最後に，このファイルをパソコンで読める形式に変換する．

e.　pH 測定

吸光度測定が終わったら，c で用いた 200 mL ビーカーに少量残った緩衝液を廃棄し（ビーカーは洗わずに），この中にメスフラスコ内に残った測定用試料をすべて移す．ビーカー中の試料溶液の pH を，pH メーターで測定し，その値を実験ノートに記録する．測定後は，先端の電極部分をイオン交換水で洗浄し，イオン交換水の入ったビーカーに先端部分をつける．pH メーターは破損しやすいので慎重に取り扱うこと．揺らしたり逆さにしたりしないで，静かに平行移動させる．落とさないように注意する．

（4）　結果の整理と考察

a.　原　　理

1) 　$pK_a = pH - \log_{10} \dfrac{A_a - A}{A - A_b}$ の関係式を導け．A, A_a, A_b の意味は（1）b. 原理を参照
のこと．

2) 　等吸収点とは何か，どのようなとき等吸収点になるのか説明せよ．

b.　結　　果

1) 　観察したことを詳しく書け．

2) 　pH，吸光度，$\log_{10} \dfrac{A_a - A}{A - A_b}$ の表を作成せよ．

3) 　横軸を pH，縦軸を $\log_{10} \dfrac{A_a - A}{A - A_b}$ としたグラフを作成し，そのグラフから pK_a を求
めよ．

4) 　測定した可視紫外吸収スペクトルを重ねてプロットしたグラフを作成し，等吸収点が観
測されたならば，その波長を示せ．

c.　考　　察

1) 　得られた pK_a を文献値と比較せよ．文献値から大きくずれた場合は，その理由を考察
せよ．

2) 　等吸収点が観測されなかった場合，その理由を考察せよ．

参 考 文 献

日本分析化学会北海道支部編，分析化学反応の基礎，225-231，培風館（1980）．
大阪大学教養部化学教室，基礎化学実験，195-197，学術図書出版（1990）．
今井弘他，基礎化学実験，109-113，培風館（1983）．
東京大学教養学部化学部会編，基礎化学実験第 3 版，87-93，東京化学同人（2012）．
日本化学会編，化学便覧 基礎編 改訂 6 版，表 11.3-7，丸善出版（2021）．

15. 活性炭による酢酸吸着平衡の測定

(1) 目 的 と 原 理

a. 目 的

色素溶液に木炭を入れておくと色が薄くなることや冷蔵庫の脱臭剤として炭を用いると効果があることは，古くからよく知られている．これらは吸着現象を利用しているのであるが，ここでは酢酸溶液中における，活性炭による酢酸の吸着を観察し，正しい吸着等温線が描けるかを検討する．

b. 原 理

吸着は界面張力と密接に関係する．溶液から固体への吸着平衡では界面張力の変化を測定できないので，界面における吸着量と液相内部の濃度の関係によって吸着を表す．吸着剤として用いる活性炭は，適当な処理をして吸着能を大きくした無定形炭素の粒子であり，表面にさまざまな直径の孔をもち表面積が非常に大きい．このような複雑な表面をもつ固体への溶液からの吸着では，次の Freundlich の実験式が成立する．

$$X = aC^{1/n} \tag{1}$$

X は吸着物質のモル数，C は平衡状態にある溶液の濃度（mol/L），a と n は定数である．$1/n$ を吸着指数といい，有機物，非電解質，弱電解質では 0.3〜0.5，色素，強電解質では 0.05〜0.3 の値をとる．

(2) 学習のポイント

吸着（平衡），吸着等温式，ラングミュアー，フロイントリッヒ，活性炭，活性アルミナ．

(3) 実 験 方 法

1) 最初に B 編 II.1「中和滴定」の項を参考に，フタル酸水素カリウムを用いて 0.1 M NaOH 標準液の正確な濃度測定をする．

2) 酢酸溶液の調製：氷酢酸 12.00 g を 50 mL ビーカーにとり，500 mL メスフラスコに注意深く移す．ビーカーの洗液もフラスコに注ぐ．イオン交換水を加え正確に標線に合わせる（0.4 M 酢酸基準溶液の調製）．

   0.4 M 酢酸基準溶液 100 mL をホールピペットで 200 mL メスフラスコに入れ，イオン交換水で標線に合わせて 0.2 M 酢酸溶液とする．

   以下同様に倍々と希釈し，0.1 M，0.05 M，0.025 M および 0.0125 M 酢酸溶液を調製する．

3) 前項で調製した6種の酢酸溶液100 mL をそれぞれ200 mL 三角フラスコに入れ，あらかじめ電子天秤で正確に秤量した活性炭3.000 g をフラスコに手分けして同時に加える．およそ5分間隔でフラスコを振り，1時間吸着を続ける．この間に4)，5) の操作を行っておく．

4) 0.4 M 酢酸基準溶液5 mL をホールピペットでとり，フェノールフタレイン数滴を加える．0.1 M NaOH 標準液による滴定3回の平均値から0.4 M 酢酸基準溶液の精密な濃度を求める．

5) 最後に希釈調製した0.0125 M 酢酸溶液の残りの液50 mL をホールピペットでコニカルビーカーに入れ，フェノールフタレインを指示薬として0.1 M NaOH で滴定し，希釈が正しく行われたことを確認する（滴定操作はこの場合に限り一度でよい）．

6) 1時間後，各フラスコから上澄み液を適当量（滴定値が5〜10 mL になるように）ホールピペットでコニカルビーカーにとる．採取した各試料溶液を，0.1 M NaOH で滴定し，酢酸濃度を求める．各濃度溶液について，滴定を2度ずつ行い平均をとる．

7) 活性アルミナに対する同様の実験により，吸着能力の相違を活性炭と比較・検討する．

（4） 結果の整理と考察

(1) 式の両辺の対数をとると，

$$\log_{10} X = \log_{10} a + \frac{1}{n} \log_{10} C \tag{2}$$

$\log_{10} X$ と $\log_{10} C$ の関係は直線となる（図 15.1）．したがって $C = 1$ すなわち $\log_{10} C = 0$ のときの X の値から a が求まり，直線の傾き $\dfrac{\Delta(\log_{10} X)}{\Delta(\log_{10} C)} = \dfrac{1}{n}$ から $\dfrac{1}{n}$ が求められる．

1) $\log_{10} X$ 対 $\log_{10} C$ のグラフを描き，直線関係にあるか検討せよ．

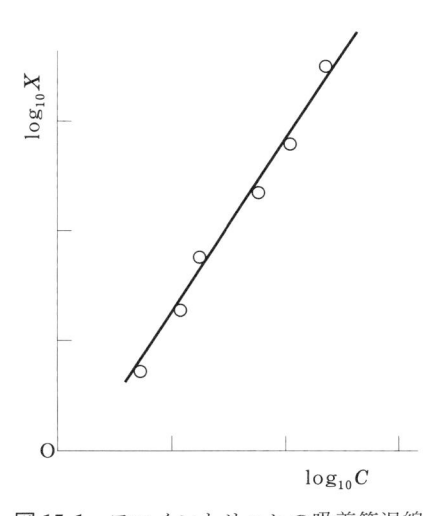

図 15.1 フロイントリッヒの吸着等温線

2)　a および $1/n$ を求めよ.

3)　a および $1/n$ の大きさが示す意義を考察せよ.

参 考 文 献

鮫島實三郎，物理化学実験法，353-355，裳華房（1989）.

千原秀昭，物理化学実験法（第 3 版），220-223，東京化学同人（1988）.

小寺　明編，物理化学実験法，273-274，朝倉書店（1966）.

科学の実験編集部編，先生と生徒のための化学実験，196-197，共立出版（1957）.

東京大学教養学部化学教室編，化学実験，146-149，東京大学出版会（1963）.

赤堀四郎他監修，化学実験事典，283-284，講談社（1973）.

16. 反応熱の測定

（1） 目 的 と 原 理

熱量計を使い，中和熱と溶解熱をはかる．

（2） 学 習 の ポ イ ン ト

反応熱に関する理論を調べる．

（3） 実 験 方 法

内径約 3 cm，長さ約 16 cm の試験管を用意し，これにサーミスタ温度計と内径 8 mm，長さ 5 cm のガラス管をさし込んだゴム栓をはめる．このゴム栓の周囲の一部に，通気のための切り込みを入れておく．この試験管を布（ぞうきんでよい）または綿で包んで，ビーカーに立てる．

a． 水 当 量 の 測 定

室温のイオン交換水 50 mL ずつを 2 つのビーカーにとり，その 1 つを室温より数℃高くなるまで温めた後，断熱材の上に置く．温水と冷水の温度を約 5 分間，30 秒間隔で測定し，同時に熱量計に注ぐ．混合の時間を記録し，その後約 10 分間，30 秒間隔で温度を測定する．データを時間－温度のグラフに表し，混合前後の水の温度差を求めて熱量計の水当量を算出する．

b． 中 和 熱 の 測 定

0.10 M 塩酸（必ずしも 0.10 M でなくてもよい）50.0 mL をメスシリンダーではかり，熱量計のゴム栓をはずして試験管に入れる．この塩酸・水酸化ナトリウム溶液ともにその前日に調製し，その液温を実験室の温度と平衡にしておく．また，塩酸を試験管に注ぐときはゴム栓をはずして直接入れる．次にゴム栓をして，1 分ごとに温度計の読みを記録する．多くの場合，少しずつ温度が上下していくであろう．約 5 分経過したら，0.90 M NaOH 溶液（必ずしも 0.90 M でなくともよいが，この 5 mL 中の NaOH のモル数が，試験管中の HCl のモル数より小さいことが必要）を 5 mL メスピペットを使ってロートから急いで注ぐ（この方法は，メスピペットの上端に長さ約 3 cm のゴム管をはめ込んでおくと，その内部の液面を目盛に合わすのが容易である）．ただちに装置全体をよくゆすり，次に前記と同様に 0.5〜1 分ごとに温度計の読みをとる．温度計の示度は NaOH 溶液を注入した瞬間に急激に上昇し，約 1 分後に最高になり，次にしだいに降下し始める（たいていのときはこのようになるが，室温が液温より

高いときは，上記降下が起こらないで，逆に少しずつ液温が上昇するときもある）．約10分間測定を続ける．硫酸（0.05 M）と NaOH 溶液，シュウ酸（0.05 M）と NaOH 溶液のときも，同様にして測定を行う．

c. 溶 解 熱 の 測 定

チオ硫酸ナトリウム結晶を乳鉢で十分すりつぶし 1.24 g を秤量する．試験管にイオン交換水 50.0 mL を入れ，温度計を装置して水温をはかる．約5分たったら，測温すると同時にゴム栓を開けて，上記 1.24 g の粉末チオ硫酸ナトリウムを試験管管壁に付着しないように投入する．そして，すぐに装置全体をゆする（約20秒間ときどき．これによってチオ硫酸ナトリウムが管壁に付着しても，全部溶けてしまう）．そして，その後も1分ごとに温度計の読みをとる．

（4） 結果の整理と考察

グラフ用紙に測定値をプロットし，このグラフより反応熱による液温の変化量を読み取り，反応熱を求めよ．

参 考 文 献

赤堀四郎他監修，化学実験事典，485-487，講談社（1973）．
科学の実験編集部編，先生と生徒のための化学実験，186-187，共立出版（1957）．

17. 銅イオン対亜鉛の酸化還元反応の反応熱

（1） 目 的 と 原 理

a．目　　的

銅イオンと亜鉛との酸化還元反応における温度変化を測定し，反応熱を求める．この反応がダニエル電池の示す電気的エネルギー変化と等価であることを学習する．

b．原　　理

一般に金属は陽イオンになりやすい傾向がある．ある金属 M を M^{n+} を含む溶液にしたとき，次の平衡が成立し，金属は一定の電位を示す．

$$M \longrightarrow M^{n+} + n\, e^-$$

このときの電位が平衡電位であり，M^{n+} が単位の活量であるときの値を標準単極電位という．陽イオンになりやすい金属は，それだけ負の標準電極電位を示す．したがって，標準電極電位を比べることにより，金属のイオン化傾向を知ることができる．

（2）　学習のポイント

反応熱，酸化還元反応，自由エネルギー変化，エントロピー変化，ダニエル電池，起電力，標準電極電位．

（3）　実 験 方 法

1）　試薬の調製：硫酸銅 $CuSO_4 \cdot 5\,H_2O$ 25.0 g（0.1 mol）を秤量びんに電子天秤で精秤する．これをロートを用いて注意深く 500 mL メスフラスコに入れる．イオン交換水で溶かして正確に 500 mL として 0.2 M $CuSO_4$ 溶液とする．

2）　図 17.1 のように反応熱測定装置を組み立て，0.2 M $CuSO_4$ 溶液 100 mL をホールピペットで採取し，測定容器に入れる．攪拌子を入れ，マグネチックスターラーで溶液をほどよい回転速度で 5 分間攪拌しておく．

3）　溶液温度を 15 秒間隔で読み，測定開始 2 分後に亜鉛粉末 2.00 g（電子天秤で mg 単位まで詳しく読み取る）を容器に一度に添加する．再び 15 秒間隔で溶液温度を読み続ける．液温が上昇後，一定温度になるまで約 10 分間読み続ける．

4）　0.2 M $CuSO_4$ 溶液を新しいものに変えて 2）および 3）の操作をさらに 2 回行う．測定開始前の溶液温度が，3 回とも同じになるように工夫する．

5）　新たに 0.2 M $CuSO_4$ 溶液を調製し直し，添加する亜鉛の量を 1.50 g にして，上と同様の実験を 3 回行う．結果は溶液別に 2 枚の方眼紙にまとめる（3×2 枚）．

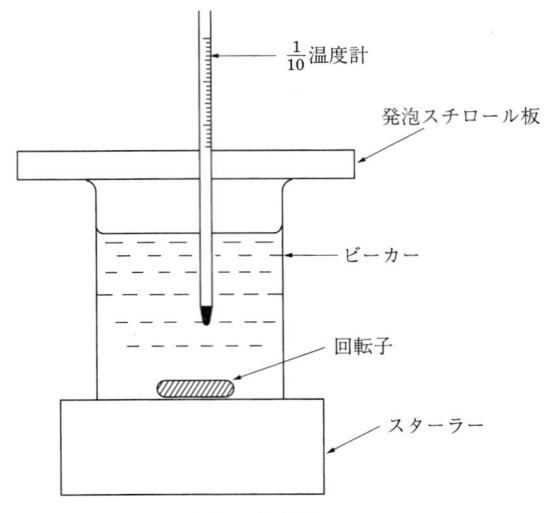

図 17.1　反応熱測定装置

（4）　結果の整理と考察

1)　図 17.2 のようにグラフ化して，反応溶液の温度変化 ΔT を求める.

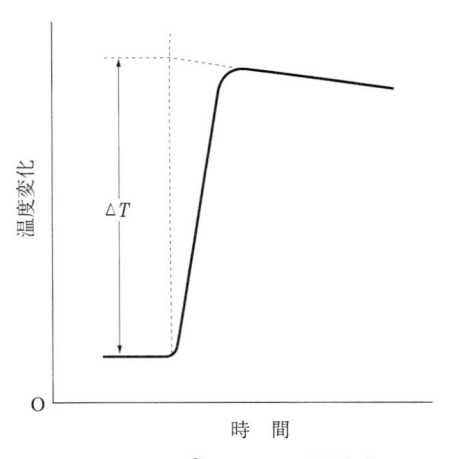

図 17.2　$Cu^{2+} + Zn$ と時間変化

2)　この溶液 100 mL 当たりの温度変化 ΔT に要する熱量を求める（cal）. ただし，容器の熱容量はなく，溶液の比熱を 1 とする（$\Delta T \times 100$）. Cu，Zn 両方とも，反応量は 0.02 mol（$0.2 \times 100/1000$）であるから，1 mol 当たりの反応熱は次式により算出できる.

$$反応熱 = -\Delta H = \Delta T \times 100 \times \frac{1}{0.02} \times \frac{1}{1000}\ \text{kcal/mol}$$

①　この反応の化学反応式および反応経路とエネルギーの関係を図示せよ.

②　図 17.3 のようなダニエル電池を考え，標準電極電位の値からダニエル電池の起電力

を計算せよ．また，ダニエル電池の起電力からΔGを求めよ．

ダニエル電池　　Zn｜Zn^{2+}（1 M），Cu^{2+}（1 M）｜Cu

$$\Delta G = -zFV = -zV \times 96500 \text{ クーロン・ボルト・mol}^{-1}$$

$$= -zV \times 96500 \times 0.239 \times \frac{1}{1000} \text{ kcal・mol}^{-1}$$

（z は単位反応当たりの移動電子数，1 クーロン・ボルト ＝ 1 ジュール ＝ 0.239 cal）

③　上の結果から，反応の平衡定数を求め，反応がどこまで進むかを説明せよ．

④　この実験の反応において，$\Delta G \fallingdotseq \Delta H$ としてよいのはなぜか説明せよ．

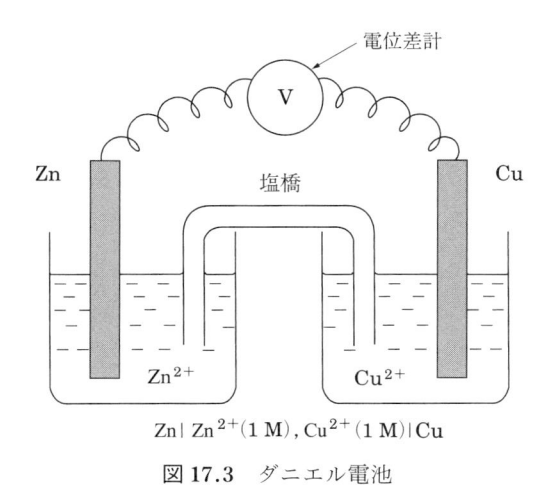

Zn｜Zn^{2+}(1 M)，Cu^{2+}(1 M)｜Cu

図 **17.3**　ダニエル電池

参 考 文 献

千原秀昭編，物理化学実験法（第 3 版），168-172，東京化学同人（1988）．
赤堀四郎・木村健二郎監修，増訂化学実験事典，922-923，講談社（1983）．
北海道大学教養部化学教室編，化学実験，62-64，三共出版（1977）．

18.　電位差測定による溶解度積の測定

（1）　目 的 と 原 理

　銀イオンの濃淡電池を組み立ててその起電力を測定し，その値からハロゲン化銀の溶解度積を算出する．

（2）　学習のポイント

　電極電位と濃淡電池，溶解度積の基本的理論を調べる．

（3）　実 験 方 法

　図 18.1 に示すように，2 つのビーカー（A, B）に 0.01 M 硝酸銀溶液を 100 mL ずつ入れ，0.2 M KNO_3 で湿らせた濾紙片（塩橋の代用）の両端で電気的に接続する．ビュレットより 0.1 M KCl 溶液を滴下しながら，AB 間の電位を測定する．電位差が急激に変化するところが当量点であるが，溶解度を求めるために，そのあと 2 mL ずつの間隔で 5 点測定する．

　同様の実験を KBr，KI を用いて行う．

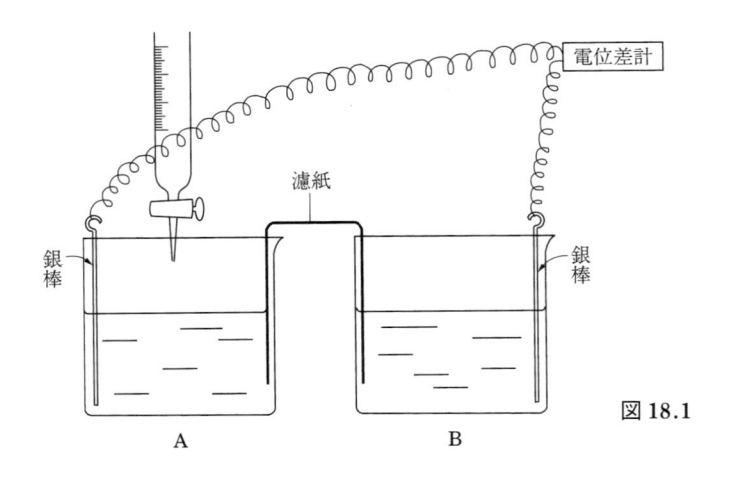

図 18.1

（4）　結果の整理と考察

　グラフ用紙に測定値をプロットし，滴定の当量点を内挿法で求める．次に，終点後に測定した電位（5 点あり）より溶解度積を求めよ．

参 考 文 献

　東京大学教養学部化学教室編，化学実験，160-161，東京大学出版会（1963）．
　放送大学テキスト，実験基礎化学，41-50，放送大学（1995）．

19. 電 気 分 解

（1） 目 的 と 原 理

a. 目 的

電解質溶液の電気分解では，1 グラム当量の電極反応を起こすのに要する電気量は，反応の種類によらず一定（ファラデー定数）である．ここでは，硫酸ヒドラジン $H_2N-NH_3^+$ HSO_4^- の電気分解を行い，ファラデーの法則が成立するかどうかを検討する．

b. 原 理

硫酸ヒドラジンの電気分解では次の反応が起こる．

$$陽極：\quad \frac{1}{4} H_2N-NH_3^+ \longrightarrow \frac{1}{4} N_2 + \frac{5}{4} H^+ + e^-$$

$$陰極：\quad H^+ + e^- \longrightarrow \frac{1}{2} H_2$$

すなわち，1 ファラデーの電気量について，H_2 1/2 モルと N_2 1/4 モルとが発生する．

（2） 学習のポイント

電気分解，ファラデーの法則，ファラデー定数，電気量．

（3） 実 験 方 法

1) 図 19.1 を参考にして電解装置を組み立てる．秤量びんに硫酸ヒドラジン 6.51 g を mg 単位まで秤量する．これをロートを使って 500 mL メスフラスコに入れ，イオン交換水で正確に 500 mL にし，0.1 M 硫酸ヒドラジン溶液とする．電解装置[*1] のビュレットコック栓が開いているのを確かめ，この溶液を電解装置上部のロートより少しずつ入れ，コックのところまで満たす（左右の液面を同じ高さにする）．

2) コックを開いたまま直流電源装置[*1] を ON にする．約 10 分間，50 mA 程度の電流で電解し，溶液を発生気体で飽和させる．

3) 電流を OFF にして 2〜3 分後[*2] に液面がコックのところまで上がるように調節する．電解を行う前にコックを開いたまま電源装置を ON にして，静かにダイアルを回して 60 mA に正確に合わせる．ダイアルはそのままにして電源を切りコックを閉じる．ストップ

[*1] 電解装置，直流電源装置はともに高価なものであるから，取り扱いに注意すること．

[*2] 電源を OFF にしても，しばらくは泡が発生する．2〜3 分しても泡が出ている場合があるが，それ以後はほとんど測定に影響してこないので，無視してよい．

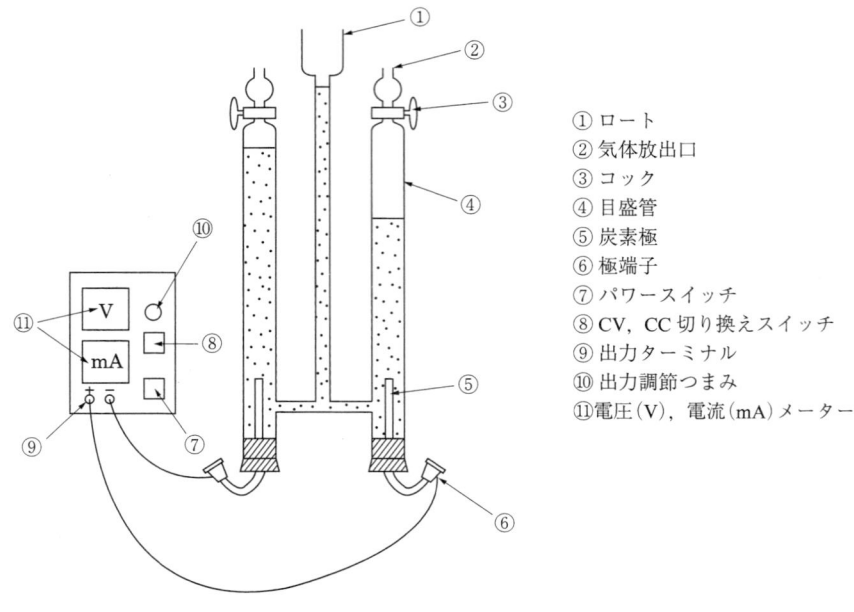

① ロート
② 気体放出口
③ コック
④ 目盛管
⑤ 炭素極
⑥ 極端子
⑦ パワースイッチ
⑧ CV，CC 切り換えスイッチ
⑨ 出力ターミナル
⑩ 出力調節つまみ
⑪電圧(V)，電流(mA)メーター

図 19.1　電解装置（ホフマン型）

　ウォッチで時間をはかり正確に 20 分間電気分解を行う．発生した気体の体積を陽極，陰極とも測定する．

4)　再び前項と同様に，液面と電流値の調節をする．今回は 80 mA で正確に 15 分間電気分解を行い，発生した気体の体積を測定する．

5)　同様に，100 mA で 12 分間，および 120 mA で 10 分間の電気分解の結果も求める．

（4）　結果の整理と考察

大気圧および温度を測定し，水蒸気圧（純水の蒸気圧と等しいとする）の補正を行って発生気体の量を求める．

1)　それぞれの実験で流れた電気量はそれぞれ何クーロンか．

2)　発生した気体の体積量を標準状態の体積に換算せよ．

3)　1)，2) の結果からファラデー定数を求めよ．その平均値と文献値を比較して違いの理由を考察せよ．

4)　陽極，陰極での反応を酸化，還元と関連させていずれの反応かを説明せよ．

参 考 文 献

　　電気分解に関する基礎的なことは，
　　　日本化学会編，実験で学ぶ化学の世界 2，145-166，丸善 (1996)
　　がよい．その他，酸化還元反応に関する書籍を参考にするとよい．

20. 安息香酸のベンゼン–水系での分配平衡

（1） 目 的 と 原 理
a. 目 的
安息香酸はベンゼン，水の両方に溶ける．両者が共存する場合には分配平衡が成立する．このことを利用して，この系の分配係数を求める．

b. 原 理
互いに混じり合わない 2 つの溶媒中に，いずれにも溶ける溶質を加える．溶解が平衡に達すると，各溶媒中における溶質の濃度の比は，一定温度では常に一定（分配平衡）である．安息香酸がベンゼン中で 2 分子会合していることに留意すれば，分配係数は，

$$K = \frac{\text{水層中の濃度 } C_2}{\text{ベンゼン層中の濃度}\sqrt{C_1} \text{ または }\sqrt{C_1{}'}}$$

（2） 学 習 の ポ イ ン ト
抽出，分配，分配係数，会合体，分配平衡，中和滴定，水素結合．

（3） 実 験 方 法
最初に B 編「II.1 中和滴定」の項を参考に，0.1 M NaOH および 0.01 M NaOH の厳密な濃度を求める．0.01 M NaOH の標定では，フタル酸水素カリウム溶液の採取量を 1 mL として滴定する．

1) 安息香酸 1.50 g，2.00 g，2.50 g，3.00 g を電子天秤で精密に秤量し，共栓付き 100 mL 三角フラスコに入れ，3%，4%，5%，6% と容器にマーカーで記入する．次に，メスシリンダーでベンゼンを 50 mL ずつ入れ，よく振って安息香酸を溶かす．完全に溶けたらそれぞれにイオン交換水 50 mL を加え，栓をして激しく振る．

2) 25 ℃ に保った恒温槽に上で準備した三角フラスコを浸け，5 分ごとによく振って 30 分間一定温度に保つ．

3) 静置して 2 層に分離した 3% 溶液の三角フラスコを恒温槽より取り出し，安全ピペッターをつけたホールピペットで水層より 10 mL を 2 つのコニカルビーカーに入れる．これらにフェノールフタレイン数滴を指示薬に，0.01 M NaOH で滴定する．同様の操作を未使用のピペットを用いて 4%，5%，6% 溶液についても行う（結果を A とする）．

4) ベンゼン層について，0.1 M NaOH を用いて同様の滴定実験を行う（結果を B とする）．なお，この場合には，ベンゼン層に溶けている安息香酸は水酸化ナトリウム溶液に移動し

てから中和されるので，十分にかき混ぜながら滴定を行わないとよい結果が出ない．

（4） 結果の整理と考察

安息香酸の濃度単位を％表示からモル濃度（M）mol/L（初濃度 C）に換算する．それぞれの濃度における滴定の平均値から水層での安息香酸濃度を求める（結果 A）．

ベンゼン層での濃度は，上の滴定に基づく結果（B）および最初の使用量から差し引いて求めた結果 $C-A$ を算出する．結果は表 20.1 のように整理する．

表 20.1

初濃度	ベンゼン層の濃度	ベンゼン層の濃度	水層の濃度	分配係数
％ → M	$C-A$（M）	B（M）	A（M）	$\dfrac{A}{\sqrt{B}}$ および $\dfrac{A}{\sqrt{C-A}}$

1)　ベンゼン層の濃度 B と $C-A$ を比較せよ．異なる場合には，その原因を考察せよ．

2)　各濃度での分配係数を求め，これらの値の比較から何がいえるか考えよ．

3)　分配係数がもつ抽出操作における意義を説明せよ．

4)　この実験では，安息香酸がベンゼン中で 2 分子会合しているとして分配係数を求めた．

　分子の会合数が不明として，$\dfrac{C_A{}^n}{C_B} = K$ をグラフ化し，n および K を求める作業を行え．

5)　ベンゼン中で安息香酸はどのように 2 分子会合しているか．安息香酸の原子どうしの位置関係を示せ．また，会合のもとになる引力を説明せよ．

参 考 文 献

赤堀四郎・木村健二郎監修，増訂化学実験事典，494-495，898-899，講談社（1983）．
鮫島實三郎，物理化学実験法 増補版，214-215，裳華房（1989）．
千原秀昭，物理化学実験法，83-85，東京化学同人（1989）．

21. 包接化合物の合成とその組成

（1） 目 的 と 原 理
3種類以上のカルボン酸と β-シクロデキストリンの包接化合物を合成し，その組成を求め，比較検討する

（2） 学習のポイント
包接化合物について，種類・構造・用途などを調べよ．

（3） 実 験 方 法
a． 包接化合物の合成
β-シクロデキストリン1gを天秤ではかりとり，三角フラスコ（200 mL）に入れる．イオン交換水 100 mL を加えよく振り混ぜてシクロデキストリンを溶かす．もし不溶性の物質が残っている場合には濾紙でこして，完全に透明な溶液を作る必要がある．これにピペットで1 mL のカルボン酸を加え，コルク栓をして放置する．ときどき振り混ぜ，また沈殿が生成する様子を観察する．ただちに白濁してきて包接化合物の生成の始まりを示す場合もあるし，目に見える程度に包接化合物が生成する前に，ひと晩あるいはそれ以上の時間がかかるものもある．

　沈殿の生成がこれ以上増えないと見極めがついたら（3日以上待つこと），包接化合物を吸引濾過する．よく水を切り，小さじで押し付けてこびり着いている油（カルボン酸）を吸引して沈殿から除く．少量のよく冷却した新しいイオン交換水，次いで冷たいアセトン，冷たいジエチルエーテルの順に吸引しながらよく洗い，こびり着いている油を洗い流すようにする．ロートに集めた結晶をシャーレに移し，これを乾燥用塩化カルシウムを入れたデシケーターに入れ，1日以上放置して乾燥させる．

b． 包接化合物の組成
　包接化合物の組成は，これに含まれているカルボン酸をアルカリで滴定することによって求めることができる．

　よく乾燥した包接化合物約1gを正確にはかりとってメスフラスコで100 mL 溶液とする．この溶液 20 mL をフェノールフタレインを指示薬として，| 0.1 M 水酸化ナトリウム標準液 |で滴定する．溶液が赤色になったら終点である．

（4） 結果の整理と考察
　得られた包接化合物の組成と包接されたカルボン酸との関係を分子構造に注目して検討せ

よ.

参 考 文 献

竹内敬人, 分子の形とはたらき（岩波科学の本）, 184-201, 岩波書店（1978）.
田伏岩夫, ホスト・ゲストの化学, 15-17, 共立出版（1979）.

22. ビタミン C の定量

（1） 目 的 と 原 理

いくつかのビタミン剤，食品，ビタミン含有飲料水中のビタミン C の含量をインドフェノール法（DCIP）により測定する．

（2） 学習のポイント

ビタミンの種類，構造，働きを調べる．

（3） 実 験 方 法

a． アスコルビン酸の濃度の検定（ヨウ素滴定法）

4 mg％アスコルビン酸溶液[*1]（2％ メタリン酸溶液）1 mL を試験管にとり，6％ ヨウ化カリウム溶液 0.1 mL，1％ デンプン溶液 2〜5 滴を加え，ミクロビュレット（ミクロピペットとピペッターで代用する）から 0.001 N（0.000167 M）ヨウ素酸カリウム溶液を青色になるまで滴下する．このとき呈色（青色）は非常に薄いので，試験管の後ろに白色の紙を置き，液層をすかして見るとよい．

b． 色 素 溶 液 の 検 定

色素溶液（2-6-ジクロロフェノールインドフェノール 10 mg を 1-ブタノール 10 mL に溶解して濾過する．これにイオン交換水を加えて 250 mL とする）1 mL を試験管にとり，これにミクロビュレットから濃度を決定したアスコルビン酸溶液を滴下し，紅色の消える点を終点とする．滴定は 1〜3 分間で終了するようにする．アスコルビン酸液を 2 倍，3 倍，4 倍に薄めて同様に滴定し，これを方眼紙の縦軸に滴定値，横軸にアスコルビン酸濃度をとり，各点を求めてつなぎ検量線を作る．

c． 測　　　定

1） 不溶物のある場合：試料一定量（1〜10 g）をとり，5％ メタリン酸溶液を 5 倍加え，さらに砂を加えてすりつぶす．これをブフナーロートによって，吸引濾過する．次に少量のイオン交換水を加えてロート上の残分を洗浄し，完全にアスコルビン酸を抽出する．濾液と洗液を合わせて，メタリン酸が 2％ 濃度になるようにイオン交換水を加えて一定量にして滴定に使用する．このときの酸濃度は 0.1〜1.0 mg％ の範囲がよい．

[*1] 4 mg％ の意味：アスコルビン酸約 4 mg を 2％ メタリン酸溶液 100 mL に溶解する．

2) その他の材料：測定可能な溶液にする．

　このように調製した試料をミクロビュレットに入れ，試験管中の色素溶液（1 mL）を滴定する．

　なお，材料溶液の濃度は検量線の使える範囲に調節すること．

（4）　結果の整理と考察

検量線を用いて試料中のアスコルビン酸の量を求めよ．

参 考 文 献

今井　弘他，基礎化学実験，129-130，培風館（1983）.
赤堀四郎・木村健二郎監修，化学実験事典，683-685，講談社（1973）.

23. アミラーゼの酵素活性

（1） 目 的 と 原 理

アミラーゼ活性の最適 pH，温度を求め，酵素の特性を調べる．

（2） 学習のポイント

緩衝液，酵素作用の理論について調べる．pH 2〜12 の緩衝液の作り方も調べる．

（3） 実 験 方 法

0.1％，0.07％，0.05％，0.03％，0.01％，… などの，タカジアスターゼの酵素液を作り，氷水中に冷却しておく．次に数本の試験管に 1％デンプン液 5 mL ずつを入れ，これらの試験管に作っておいた酵素液各 1 mL を別々に加える．酵素液を加え終わったならば約 40 ℃ の水浴に入れ，25〜30 分間放置する．その後，試験管を水浴から取り出し，すぐに再び氷水中で冷却する．こうして十分冷えたならば，この試験管にヨウ素・ヨウ化カリウム溶液を 1 滴ずつ加えて試験管を振ると，いろいろな色に液が染まっているのが見られる．

いろいろな酵素液を作る代わりに，0.05％のタカジアスターゼの酵素液を作っておき，数本の試験管にデンプン液と酵素液とを入れて，作用時間をたとえば 5 分ごとにして水浴から 1 本ずつ取り出し，ヨウ素デンプン反応を試みる．

次に酵素濃度，作用時間を一定にしておいて，温度の変化による活性，またさらに温度を一定にして，pH の変化による活性の変化を調べる．pH は緩衝液を用いて調節する．

（4） 結果の整理と考察

ヨウ素デンプン反応の色相とデンプン分子の大きさとの関係を調べ，その関係を利用して実験結果をグラフ化し，考察を加えよ．

参 考 文 献

科学の実験編集部編，先生と生徒のための化学実験，170-172，共立出版（1957）．
舟橋英哉，生活化学実験，26-28，三共出版（1976）．
大西正健，酵素の科学，学会出版センター（1997）．

24.　ホウレンソウに含まれる色素の分析

（1）　目 的 と 原 理
a．目　　的
　ホウレンソウおよびニンジン中に含まれる色素を薄層クロマトグラフィー法により分離する．分離された色素を同定し，植物によって含まれる色素に差があることを知る．併せて混合物からの単離法としてのクロマトグラフィーを学習する．

b．原　　理
　ホウレンソウには，表24.1のような色素が含まれている．これらの色素はクロマトグラフィー法により容易に成分に分離できる．

表 24.1　ホウレンソウに含まれる色素

クロロフィル系	カロチノイド系	フィコピリン系
クロロフィル a, クロロフィル b など	カロチン，キサントフィルなど	フィコエリスリンなど

（2）　学習のポイント
　単離法，クロマトグラフィー，移動率，吸着，薄層クロマトグラフィー．

（3）　実 験 方 法
a．色 素 の 抽 出
　ホウレンソウの葉およびニンジンの根それぞれ 5 g を乳鉢あるいはおろしがねでよくすりつぶし，50 mL 三角フラスコに入れる．この中に，体積比でアセトン：メタノール ＝ 8：2 の混合溶液 25 mL（ニンジンの場合には，メタノール 25 mL）を加え，封をしてひと晩放置する．不溶物をガラスフィルターと枝付き試験管で素早く吸引濾過する．濾液を大型試験管に入れ，ジエチルエーテル 10 mL を加えよく振る．10 w/v % 食塩水を試験管の器壁に沿って 2 層に分かれるまで静かに加える（上層がエーテル層）．パスツールピペットでエーテル層だけを別の試験管に移す（ピペットからエーテル溶液が飛び出ないよう注意）．試験管を静かに 10 w/v % 食塩水を加えて，アセトンやメタノールを水層に洗い取る．上層のエーテル層を遠沈管に入れ，遠心分離器で 10 分間分離する（同じ重量にした遠沈管を対面にセット）．上層を薄層クロマトグラフィー用試料とする．

b．薄層クロマトグラフィー
　実験方法は A 編　3．（11）薄層クロマトグラフィーを参照せよ．展開溶媒は，ホウレンソ

ウの場合，石油エーテル：プロパノール ＝ 90：10；ニンジンの場合，石油エーテル：プロパ
ノール ＝ 95：5 とせよ．

（4）　結果の整理と考察

1) ホウレンソウ中に含まれる色素を表 24.2 に照合して，各スポットがいずれの色素に該
当するかを決定せよ．また，ニンジン中にはいずれの色素が含まれているかを表 24.2 の
R_f を参考に推定せよ．

2) 表 24.2 に示された各色素の構造式を調べ，構造上の類似点を述べよ．

表 24.2

物　質	色　調	R_f	物　質	色　調	R_f
クロロフィル a	緑	0.6〜0.7	クロロフィル b	黄緑	0.5〜0.6
カロチン	黄	0.9〜0.95	ルティン[2]	黄	0.4〜0.5
ビオラキサンチン[1]	黄	0.2〜0.3	ネオキサンチン	黄	0.1〜0.2

展開液；石油エーテル：プロパノール ＝ 90：10 の場合．
1) カロチノイドのひとつ
2) キサントフィルのひとつ

3) 溶質，吸着剤および展開溶媒の極性との間の関係を調べ，クロマトグラフィーによる分
離を効率的にするための工夫を考えよ．

参 考 文 献

塩田三千夫他編，誰にでもできる化学実験，125-137，共立出版（1983）.
科学の実験編集部編，先生と生徒のための化学実験，176-177，共立出版（1980）.
磯部稔他訳，フィーザー/ウィリアムソン，有機化学実験（原書第 8 版），119-128，丸善（2000）.

25. ナスの皮と紫キャベツの色素の抽出

（1） 目 的 と 原 理

a．目 的

アントシアニン色素を紫キャベツやナスの皮から抽出する．酸および塩基によりこの抽出液の色が変化することを肉眼および吸収スペクトルにより観察する．このことより，アントシアニン色素が酸あるいは塩基の影響で色が変わるメカニズムを考察する．

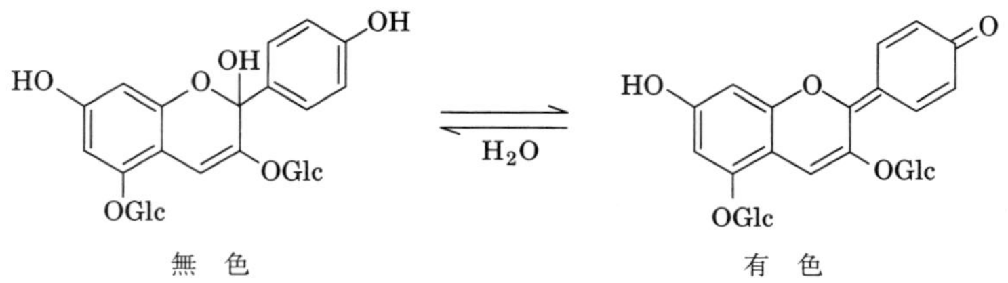

無 色　　　　　　　　　　　　　　　　有 色

二重結合と単結合が交互に現れる構造では，構成する原子は同一平面を形成する．
このような構造部分が長くなると，無色からしだいに色を有するようになる．

図 25.1　アントシアニンの分子構造（Glc：グルコース）

b．原 理

アントシアニン色素分子は，有色である場合には右の分子構造をもつといわれている．しかし，強塩基を加えると加水分解が起こり，左の分子構造になり色が消えてしまう．

色素の透明な溶液は太陽光の一部を吸収し，吸収されなかった光が透過して，われわれの目に見える色として認識される．しかし，われわれの目は赤，青や黄といったおよその色の識別はできるが，色素の分子構造を反映する吸収スペクトルまでは判別できない．そこで，分光光度計を用いて精密にその吸収スペクトルを測定し，肉眼で見た色との比較によって発色のメカニズムを考察できる．

（2） 学習のポイント

アントシアニン，カラムクロマトグラフィー，ランバートーベールの法則，可視吸収スペクトル，ポリフェノール．

（3） 実 験 方 法

1)　紫キャベツの葉1〜2枚またはナスの皮を細かくきざみ，300 mL ビーカーに入れる．
　　トリフルオロ酢酸3 mL を駒込ピペットで100 mL メスシリンダーにとり，イオン交換水

を加えて全量を 100 mL とした溶液をこの中に加え，1 夜放置して色素を溶出させる．得られた溶液を濾過して，紫キャベツの葉またはナスの皮を除き赤色透明溶液を得る．

2)　カラムクロマト管の底部に脱脂綿を敷き，アンバーライト（XAD-7）35 g をイオン交換水で懸濁させた液をクロマト管上部より静かに注ぎ込む．大部分のイオン交換水をコック栓を開けて流出させる．アンバーライトの表面が露出する間際に，1) の赤色濾液をアンバーライトが乱れないように注意して静かに注ぎ，充填剤に吸着させる．充填剤の上の赤色溶液がなくなりかけたら，トリフルオロ酢酸 3 mL，メタノール 10 mL を含む 100 mL の水溶液をクロマト管に注ぎ込む（これにより野菜に含まれる糖分が流し出される）．最後にトリフルオロ酢酸 3 mL，メタノール 60 mL を含む 100 mL の水溶液をクロマト管に注ぐ．流れ出てくる溶液を 10 mL ずつ目盛付き試験管に分けてとる．

3)　上で得られた試験管の溶液の中で 3 本のもっとも濃いアントシアニン溶液を 100 mL ビーカーに入れ，イオン交換水 30 mL を加えて混合し均一溶液にする．この溶液を 3 本の目盛付き試験管にほぼ等分になるよう分けて入れる．次に，その中の 1 本に，発泡に注意して，10 w/v% 炭酸ナトリウム水溶液を少量ずつ注意深く加えて青色の溶液にする．さらに，2 本目の試験管にも同様にして炭酸ナトリウム水溶液を加え，青紫色の溶液にする．こうして 3 本の異なる色の溶液を得る．イオン交換水を加えて液の全量を青色の溶液が入っている試験管に合わせたのち，溶液を 30 mL のビーカーにあけ，それぞれの溶液の pH を測定する．最後に，この 3 種の異なる色の溶液を試料溶液として，分光光度計で可視吸収スペクトルを測定する．

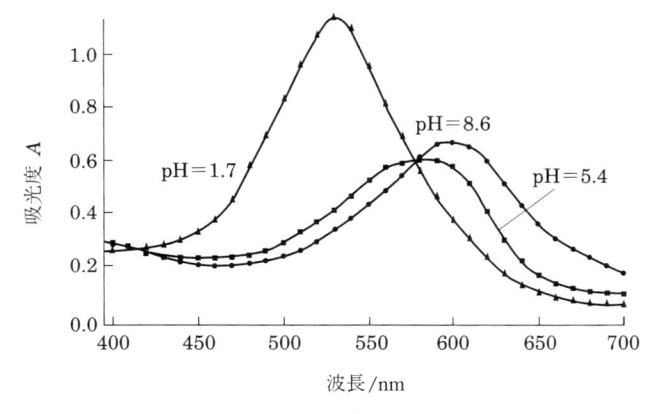

図 25.2　アントシアニン色素の可視吸収スペクトル

（4）　結果の整理と考察

1)　図 25.1 の右の構造だと有色であるのに対し，左側だと無色になる理由を考えよ．

2)　カラムクロマトグラフィーの原理を調べて説明せよ．

3)　各自の測定結果から，アントシアニン色素の pH と吸収極大波長との関係を述べよ．

4)　可視吸収スペクトルを説明せよ.

参 考 文 献

塩田三千夫他編，誰にでもできる化学実験，126-129，178-179，共立出版（1983）.

赤堀四郎・木村健二郎監修，化学実験事典，696-699，講談社（1973）.

26．カフェイン・鎮痛薬成分の抽出と TLC 分析

（1） 目 的 と 原 理

有機化学は天然物の理解を源として，現在まで発展を遂げてきた．古くは天然物を原料としてその化学成分を分離し，そのものの変換を行ってきた．現在でも，糖類のように合成品よりも安価に入手できるものも多い．紅茶やコーヒーの香気成分は葉や豆を沸騰水で抽出し，適当な方法で濾過して植物性残渣からエキスを分離することにより得られる．本実験では，紅茶からカフェインを抽出分離し，再結晶による精製を行う．得られたカフェインの同定と純度検定を薄層クロマトグラフィー（TLC）により行う（実験1）．次に市販の鎮痛薬から有効成分（カフェイン・アセトアミノフェン・イブプロフェン）を抽出し，その TLC 分析を行う．実験1で得られた精製カフェインを用いて TLC 上での3成分の同定を行う（実験2）．

カフェインは，中枢神経系の刺激作用をもつアルカロイドのひとつであり，有機化合物の中ではプリン骨格を有するキサンチン類に属する．カフェインの摂取により，覚醒がもたらされ，眠気が抑制されることから，総合感冒薬などの医薬品による催眠効果を打ち消すために用いられている．カフェインは，お茶やコーヒーなどからの日常的な摂取もあることから，もっとも頻用されている薬物のひとつであると言える．平均的な人で1日に1g相当のアルカロイドを，無意識のうちに消費している．これは，不眠や怒りっぽさ，神経過敏を引き起こすのに十分な量である．カフェインは，毎日の摂取量を減らし難い心理的依存性を引き起こすことも知られている．紅茶やコーヒーの多量の摂取は，健康上の見地から問題になっているが，その原因であるカフェインが紅茶にどのくらい含まれているかを，本実験を通じて知ることができる．TLC は，有機化合物の同定や合成反応時における化学変化の有無を知るためのもっとも簡便な分析手段のひとつである．本実験の分析結果をもとに化合物の R_f 値がどのような要因に左右されるかを知ることができる．

（2） 学習のポイント

天然物，液—液抽出，カフェイン，鎮痛剤，薄層クロマトグラフィー，極性

（3） 実 験 方 法

a．カフェインの抽出と精製（実験1）

1） 50 mL のビーカーにイオン交換水 20 mL と無水炭酸ナトリウム 2 g を入れ，加熱，沸騰させる．ここにティーバッグ 2 袋を入れて5分間煮出す．<u>イオン交換水が蒸発したら少しずつ足し，20 mL 程度になるようにする．</u>

2） 加熱をやめ，40 ℃ 程度まで冷却する．ティーバッグが破れないように気をつけながら

薬さじ等を使って絞る．さらにティーバッグに熱水5mLをかけて，紅茶液を浸出させる．

3)　抽出液を室温まで冷却した後，分液ロートに移す．ついで分液ロートの上部からジクロロメタン15mLを加え，ゆっくりと振り混ぜて2層に分かれるまで静置する（あまり激しく振り混ぜないこと．激しく振り混ぜるとエマルジョンになり，2層に分離しなくなる）．下層が目的物を含むジクロロメタン層なので，これを三角フラスコに受ける．次いで上部より新しいジクロロメタン15mLを入れて同様の抽出操作を行う（計3回）．

4)　抽出したジクロロメタン層に，無水硫酸ナトリウム20gを少しずつ加えて水分を除去する．この段階での水分除去が不十分だと次の再結晶で失敗する恐れがある．脱水不十分だと思われる場合は無水硫酸ナトリウムを5gずつ追加して様子を見る．濾過（ひだ折り濾紙を使用）により硫酸ナトリウムを除去し，濾液を三角フラスコもしくはコニカルビーカーに受ける．抽出液を入れる空の200mLナス型フラスコの重さをはかる．次に2班分の抽出液をそのナス型フラスコに移す（注：容器の1/2以上溶液を入れないこと．多くなった場合には2回に分けて濃縮する）．

5)　抽出液が入ったナス型フラスコをロータリーエバポレーターにセットし，減圧下でジクロロメタンを留去して粗カフェインを得る．電子天秤で重さをはかり，4)ではかっておいたナス型フラスコの風袋を差し引いてカフェインの粗収量を求める．

6)　湯浴を作り，少量のアセトンを50℃前後に加温する．上記で得られた粗カフェインを加熱したアセトンに溶かし，そこに濁りが生じるまでピペットでヘキサンを入れる（注意：アセトンは可燃性溶媒なので，絶対に直火にかけないこと）．溶液を冷却し，結晶を十分析出させた後，吸引濾過により濾取する．乾燥後，電子天秤で生成物の収量をはかる．

7)　シリカゲル薄層クロマトグラフィー（展開溶媒；ヘキサン：アセトン＝7：3（v/v））により得られた結晶がカフェインであること，およびその純度を標準サンプル（試薬として市販されているカフェインの溶液）との比較により確認する．薄層クロマトグラフィーの原理と操作方法は，A編3「(11)薄層クロマトグラフィー」を参考にして，以下のように行う．

b.　カフェインのTLC分析

1)　TLC板の両端から5mmのところに鉛筆で軽く線を引く．

2)　ガラス毛細管で試料溶液を取り，1)で引いた一方の線上にスポットする（図26.1参照）．スポットが広がり過ぎないように注意する（スポットの大きさは3mm以内）．そのため，毛細管をTLCに接触させる時間は瞬時とし，乾いたら同じ操作を2，3回繰り返す．乾かないうちに同じところにつけようとすると，スポットが大きく広がってしまうので注意する．

3) 丸濾紙を入れたねじ口バイアルに展開溶媒を入れる. ピンセットを使って抽出液をスポットした TLC 板をバイアルの中に静かに入れる（注意：展開中はバイアルを静置し，絶対に動かさないこと）.

4) 展開溶媒が TLC 板上端の線を引いたところまで上がったら，ピンセットを用いて TLC 板を静かに取り出し，よく乾かす. 乾燥後，UV ライト（254 nm/short wave）をあててスポットの位置を確認する（手早く鉛筆で各スポットの輪郭を半分だけ描く）. その後，分離された成分のスポットの R_f 値を算出する（A 編 3「(11) 薄層クロマトグラフィー」参照）. UV ライト（254 nm/short wave）の使用方法はスタッフに尋ねること.

5) バイアル中の展開溶媒は，所定の廃液ビーカーに入れ，ドライヤーで十分乾燥させる. 注意：有機溶媒は決して流しに流さないこと.

c. 鎮痛剤成分の抽出と TLC 分析（実験 2）

1) 50 mL 遠心チューブに，市販の鎮痛剤 1/4 錠とジクロロメタン（2.5% ジクロロ酢酸含有）5 mL を入れ，ガラス棒を使って錠剤をすりつぶす. そのうち約 0.5 mL をパスツールピペットで 1.5 mL チューブに移し，30 秒ほど遠心する. 遠心後，デカンテーションにより上澄みを別の 1.5 mL チューブに移し，再度遠心する. その上澄み液を抽出液として使用する.

2) 1)で調製した抽出液をガラス毛細管で TLC 板にスポットし，展開する（展開溶媒；酢酸エチル）（注：スポットは 1 回で十分）.

3) 展開終了後，TLC 板を乾燥させ，UV ライト（254 nm/short wave）をあててスポットの位置を確認する（手早く鉛筆で各スポットの輪郭を半分だけ描く）. その後，分離された成分のスポットの R_f 値を算出する.

4) 精製カフェインを標品として再度 TLC 分析（3 点打ち：図 26.1 参照）を行い，各スポットの同定を行う.

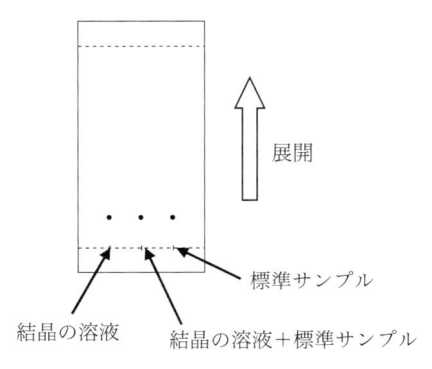

図 **26.1** 薄層クロマトグラフィーのスポット位置（3 点打ち）

（4） 結果の整理と考察

1) 単離したカフェインの収量と R_f 値（小数第2位まで）を求めよ．

2) TLC の結果をもとに得られたカフェインの純度について考察せよ．

3) 実験2の TLC 分析において検出された各スポットの R_f 値（小数第2位まで）を求めよ．

4) 鎮痛薬に含まれる代表的な成分（イブプロフェン，アセトアミノフェン，カフェイン）の構造と極性の違いに着目してどのスポットがどの成分に相当するか説明せよ．

5) TLC 分析において R_f 値を左右する要素と再現性のある分析結果を得るために注意すべき点について説明せよ．

6) 医療分野におけるクロマトグラフィーの用途を複数挙げ，説明せよ．

参 考 文 献

磯部稔他訳，フィーザー/ウイリアムソン有機化学実験（原著8版），101-118, 119-132, 丸善（2000）.

上村明男訳，研究室で役立つ有機実験のナビゲーター，262-277, 丸善（2006）.

27. 液晶の合成

分子量 150.17

p-エトキシベンズアルデヒド

分子量 149.23

p-ブチルアニリン

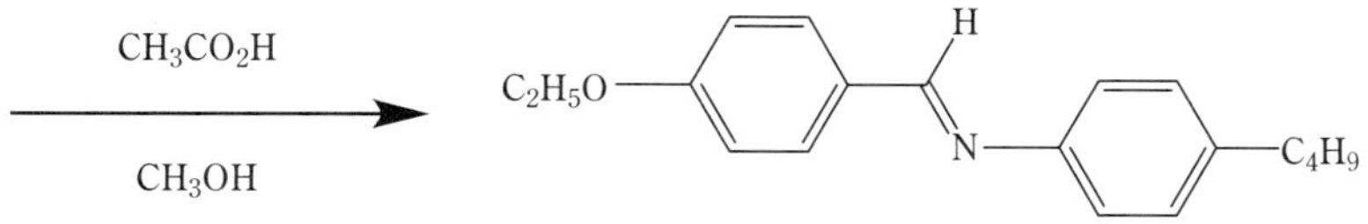

分子量 281.39

p-エトキシベンジリデン-*p*-ブチルアニリン

図 27.1

（1） 目 的 と 原 理

　液晶は現在時計やディスプレイ，テレビなどの表示装置をはじめ，いろいろな場面で利用されている化合物である．1888 年にオーストリアの植物学者 Reinitzer が安息香酸コレステロールの融解現象の異常性に気付いたことに端を発する．この物質は 145 ℃ において融解するもののどろどろした液体となる．さらに加熱をして 179 ℃ に達すると透明なさらさらとした液体となる．Lehmann は偏光顕微鏡によって 145〜179 ℃ の温度範囲では「組織的な異方性をもつ液体」であることを確認した．液晶は結晶－液晶－等方性液体といった相転移における熱力学的安定相である．液晶相の集合状態の構造としてはネマティック液晶，スメクティック液晶，コレステリック液晶に分類される．今回の実験では液晶性を示すアゾメチン（シッフ塩基）化合物を合成し，その性質について確認する．

（2） 学習のポイント

　液晶，シッフ塩基（アゾメチン化合物），還流，相転移

（3） 実 験 方 法

a.　*p*-エトキシベンジリデン-*p*-ブチルアニリンの合成

　p-エトキシベンズアルデヒド 0.5 g にメタノール 20 mL を加え，*p*-ブチルアニリン 1 g と一滴の酢酸を加えて約 20 分間還流する（図 27.2）．その後十分に冷却して結晶を析出させる

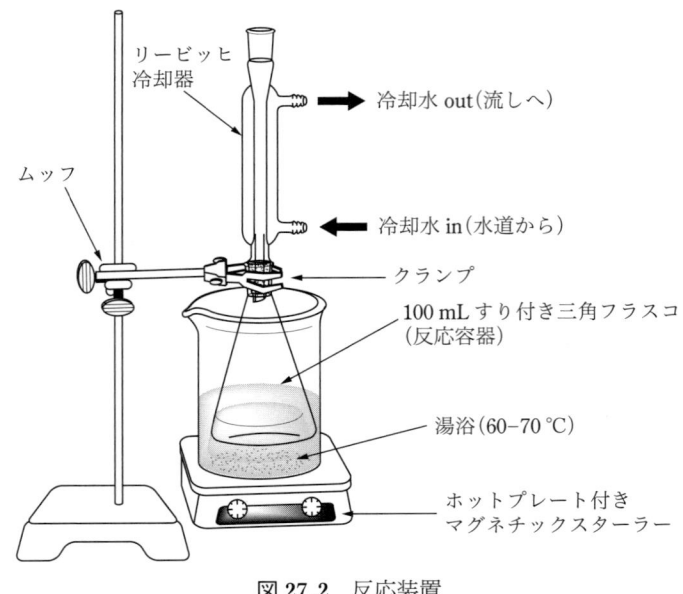

図 27.2 反応装置

（注：結晶が析出しない場合にはイオン交換水を加えてみよ．油状物質が生成した場合には激しく攪拌すると結晶化しやすい．いつまでも油状物質のままのようならば，種結晶をもらって加えること）．これを吸引濾過した後，濾紙上の結晶を冷水で洗浄する．得られた結晶を濾紙上で十分乾燥させて白色もしくは淡黄色の *p*-エトキシベンジリデン-*p*-ブチルアニリンを得る．電子天秤で収量をはかり，収率を算出する．

b. 液晶の観察

　液晶の観察は融点測定装置を用いて行う．5×5 mm の偏光フィルム2枚を直交させ，その間に少量のサンプルとして *p*-エトキシベンジリデン-*p*-ブチルアニリンを入れる．金属ステージにガラスプレートを1枚乗せ，その上に，直交させた偏光フィルムを乗せる．その際，挟んでいるサンプルが融点測定機の透過光源の穴の上にくるように乗せる．室温から徐々に温度を上げていき，透過光の観察を行う．60℃で偏光フィルムの表面を軽く押し，流動性を確認する．80℃まで温度を上昇させたら加熱を止める．室温付近まで冷却しながら，透過光の観察を行う．サンプル変化の様子と温度を記録する．

（4） 結果の整理と考察

1) 　*p*-エトキシベンズアルデヒドと *p*-ブチルアニリンにより-*p*-エトキシベンジリデン-*p*-ブチルアニリンが生成する反応機構について説明せよ．

2) 　合成実験の際，酢酸は1滴加えれば十分である．その理由を上記1）の反応機構に基づいて考察せよ．

3)　ネマティック液晶，スメクティック液晶，コレステリック液晶についてその構造的な違いについて説明せよ.

4)　*p*-エトキシベンジリデン-*p*-ブチルアニリンは，上記のどの液晶に分類されるか.

参 考 文 献

中村潤児，神原貴樹著，理工系の基礎化学，61-62，化学同人（2012）.

日本化学会編，実験化学講座（第5版）27巻　機能性材料，288-311，丸善（2004）.

28.　鎮痛剤の合成

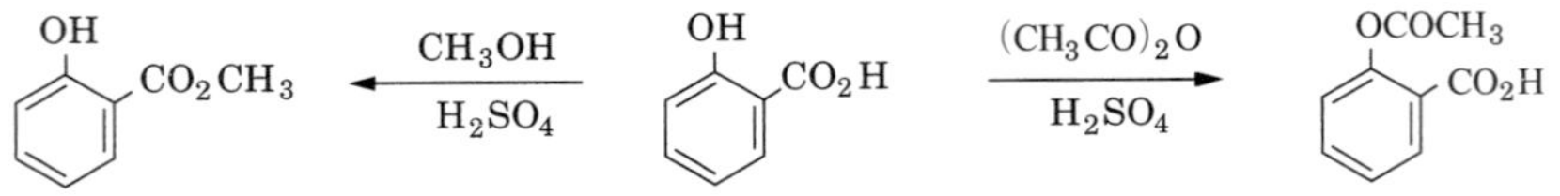

$$\overset{\text{OH}}{\underset{}{\bigcirc}}\text{CO}_2\text{CH}_3 \quad \xleftarrow[\text{H}_2\text{SO}_4]{\text{CH}_3\text{OH}} \quad \overset{\text{OH}}{\underset{}{\bigcirc}}\text{CO}_2\text{H} \quad \xrightarrow[\text{H}_2\text{SO}_4]{(\text{CH}_3\text{CO})_2\text{O}} \quad \overset{\text{OCOCH}_3}{\underset{}{\bigcirc}}\text{CO}_2\text{H}$$

分子量　152.15 　　　　　　　　分子量　138.12 　　　　　　　　分子量　180.16
沸点 223 ℃（融点−8 ℃） 　　　　　　　　　　　　　　　　　　融　点　136 ℃

サルチル酸メチル 　　　　　　　　　サルチル酸 　　　　　　　　　アスピリン

図 28.1

（1）　目 的 と 原 理

　最古の薬のひとつであり，もっとも多く生産されている薬でもあるアスピリン（アセチルサリチル酸）は解熱鎮痛剤として著名である．ここではアスピリンの合成実験を通じて，医薬品の合成法や有機合成実験の基本操作法を理解する．さらにサリチル酸をエステル化してサリチル酸メチル（湿布薬）を合成する．併せてアセチル化やエステル化の機構を学習する．

（2）　学習のポイント

　エステル化，加水分解，酸触媒反応，アセチル化，解熱作用．

（3）　実 験 方 法

a．アスピリン合成

　100 mL 三角フラスコにサリチル酸 2.76 g，無水酢酸 4 mL，濃硫酸 3 滴を順に入れる．フラスコに薬包紙を被せ，輪ゴムを 2 本以上用いてしっかり縛り，針で小さな穴を約 20 箇所あける．薬包紙に飛沫が付かないように注意しながら混合物をできるだけ激しく振り混ぜる．この時，透明度の変化や発熱などの様子を詳しく観察，記録する．反応混合物が明らかな変化を経て固結した後，氷を約 10 g 入れた 300 mL ビーカーに反応混合物を移す．水道水を約 5 mL ずつ 2 回程度用い，フラスコに残った固体をビーカーに完全に洗い出す．こぼさないよう注意しながら，1 分間程度，ガラス棒で激しくかき混ぜる．

　ビーカー内の混合物を手早くかき混ぜてから，内容物を吸引濾過する．結晶をイオン交換水で洗浄し，重量既知の乾いた 100 mL 三角フラスコに移す．その後，三角フラスコを秤量し，粗収量と粗収率を算出する．酢酸エチルを 25 mL 加え，よく撹拌して固体を溶解させる．溶けきらない場合は酢酸エチルを 5 mL 追加し，撹拌する．固体が溶けきるまで，この操作を繰り返す．次に，ヘキサンを 50 mL 加え，氷冷しながら結晶の析出を注意深く観察，記録する．この間にブフナー漏斗をよく洗い，濾液を水溶性廃液のタンクに処分し，濾紙を新しいものに

交換する．15 分間水冷した後，析出した結晶を吸引濾過により得る．結晶をヘキサンで洗浄する乾いた清浄な 50 mL ビーカーを用い，収量と収率を算出する．濾液は有機廃液として処理する．なお，この合成は濃硫酸の代わりに無水酢酸ナトリウムを用いても可能である．結果を比較するのもおもしろい．

b． サリチル酸メチルの合成

300 mL ビーカーに水道水を 100 mL 入れ，沸騰石を 1 粒入れてからバーナーで加熱し，沸騰させる．

50 mL 三角フラスコにサリチル酸 2.76 g，メタノール 12 mL，濃硫酸 2 mL を順に入れる．フラスコ内に沸騰石を 1 粒入れてから，沸騰水浴に浸し，加熱しながら，反応液の様子や液量などを注意深く観察する．白濁してもさらに加熱を続ける（時々臭いを嗅ぐ）と，反応液中に油滴の生成が認められるようになる．

油滴の生成を確認してから 3 分後，加熱を終了し，反応液を放冷する．300 mL ビーカーに水道水を 100 mL 入れ，氷をひとつまみ投入する．この中に三角フラスコ内の反応混合物を全て移す．静置し，油滴を底に落ち着かせた後，パスツールピペットを用いて油滴だけを全て，別の 100 mL ビーカーに移す．油滴を移したビーカーに水道水 60 mL と氷ひとつまみを新たに加え，撹拌した後，静置し，油滴が落ち着くまで待つ．最後に，乾いた試験管を秤量してから，ビーカーの底にまとまった油状物だけを，パスツールピペットにより取り出し，この試験管に移し替える．最後にこの試験管を乾いた 200 mL 三角フラスコ内に立てて秤量し，粗収量と粗収率を算出する．

（4） 結果の整理と考察

1) 実験方法の a で，硫酸の量が多すぎると反応物はガム状のまま固化せず，アセチルサリチル酸の収量は減少する．この理由をエステルの加水分解（逆反応）や芳香族化合物の親電子反応を考えて説明せよ．

2) 実験方法の a において，硫酸はどのような役割を演じているか．反応の機構を詳しく説明せよ．

3) アセチルサリチル酸の収量は何％であったか．なぜそのような値になったか考察せよ．

4) 生成したアセチルサリチル酸の融点を純粋物のそれと比較して相違の理由を説明せよ．

5) 実験方法の a において，生成物に残留する未反応サリチル酸の検出定性試験を考えよ．

6) サリチル酸メチルを合成する際に，残留するサリチル酸を除くにはどのような操作をすればよいか．

参 考 文 献

磯部稔他訳，フィーザー/ウィリアムソン，有機化学実験（原書 8 版），321-335，丸善（2000）．

井上尚人編，基礎実験有機化学，160-161，丸善 (1975).

伊東　椒・児玉三明他訳，マクマリー，有機化学（中），824-825，東京化学同人 (1987).

中川正澄，有機化学（初等化学講座 3），210-212，朝倉書店 (1965).

化学教科書研究会編，新基礎化学実験，75-78，化学同人 (2002).

29. アニリンからスルファニル酸の合成

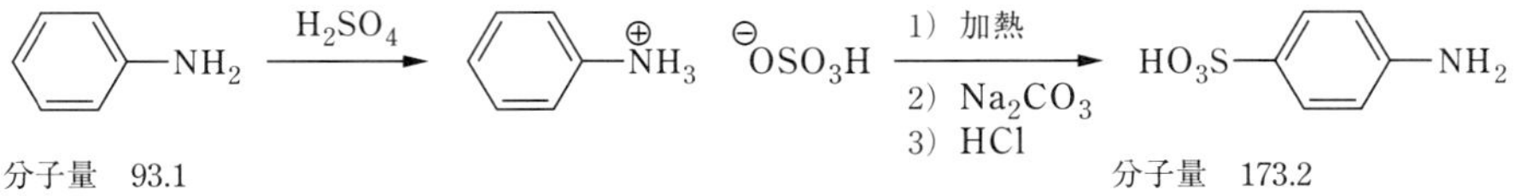

分子量　93.1
沸　点　184.6℃
アニリン

分子量　173.2
融　点　280℃以上(分解)
スルファニル酸

図 29.1

(1) 目的と原理

アニリンのスルファニル酸転位を利用して，染料，指示薬の原料となるスルファニル酸を合成する．併せて油浴による高温加熱反応，吸引濾過，有機固体化合物の反応などの基本操作を修得する．

(2) 学習のポイント

スルホン化，分子内転位(スルファニル酸転位)，分子内塩．

(3) 実験方法

アニリン 4.0 g(43.0 mmol)を蒸発皿に直接はかりとり，液をかき混ぜながら濃硫酸 5.0 g(97 重量 %として 52.6 mmol)をピペットで 1 滴ずつ加える．滴下終了後，かゆ状の反応物が微粉状[a]になるまでガラスさじで練り，よくすりつぶす．粉末を器壁につけないように 100 mL ナス型フラスコに移し，およそ 220 ℃に加熱してある油浴に温度計をさし込んでナス型フラスコを浸ける．ナス型フラスコの内部温度を 185〜190 ℃に昇温させ，この温度で 1 時間保つ(途中で温度が下がると，硫酸アニリンのまま固化してスルファニル酸が生じたように見えるので，途中で温度が下がらないように注意すること．フラスコの内容物をかき混ぜたりせず，反応を続けること)．1 時間経過したら室温(約 25 ℃)まで冷やす．フラスコ内に 10 w/v %炭酸ナトリウム水溶液約 50 mL を徐々に加えて生成物を溶かす．最後には溶液は塩基性にする．炭酸ナトリウム水溶液を滴下した際に発泡するので[b]，容器から液があふれないように注意すること．

溶液が着色していれば[c]，活性炭 1 g を加えてよくかき混ぜたのち，ひだ折り濾紙で濾過する．300 mL ビーカーに濾液を移し，6 M HCl 約 20 mL を加えて液を酸性に戻す．ビーカーを氷水に浸けて，液を 10 ℃まで冷却する．吸引濾過したのち，ロート上の結晶を 6 M HCl 数滴を加えた 20 mL のイオン交換水で洗浄する．得られた結晶を重量既知の 50 mL ビーカーに入れ減圧乾燥する．乾燥物の融点および重量をはかり収率を計算する．

(4) 結果の整理と考察

1) 実験方法の文中 a) で得られた微粉末は何か，化学反応式を用いて説明せよ．

2) 実験方法の文中 b) で Na_2CO_3 を加えたときに発泡する理由を化学反応式を用いて説明せよ．

3) 実験方法の文中 c) で着色した原因は何が含まれているからか，を具体的に説明せよ．

4) 実験が順調に進んだ場合，およその収率は80％とされている．各自の結果を考察せよ．

5) アニリン硫酸塩からどのような経路でスルファニル酸が得られるのか（スルファニル酸転位）を説明せよ．

6) スルファニル酸は水で再結晶できる程度に水に溶けにくい．この理由を説明せよ．

参 考 文 献

鈴木仁美，有機反応 II 芳香族化合物（有機化学講座 2），225-226，丸善（1984）．

漆原義之他訳，ガッターマン/ウィーラント，有機化学実験書，175-181，共立出版（1972）．

中西香爾他訳，モリソン/ボイド，有機化学（中），937-940，東京化学同人（1977）．

湯川泰秀他訳，ヘンドリックセン/クラム/ハモント，有機化学（II），753-755，廣川書店（1976）．

30. メチルオレンジの合成

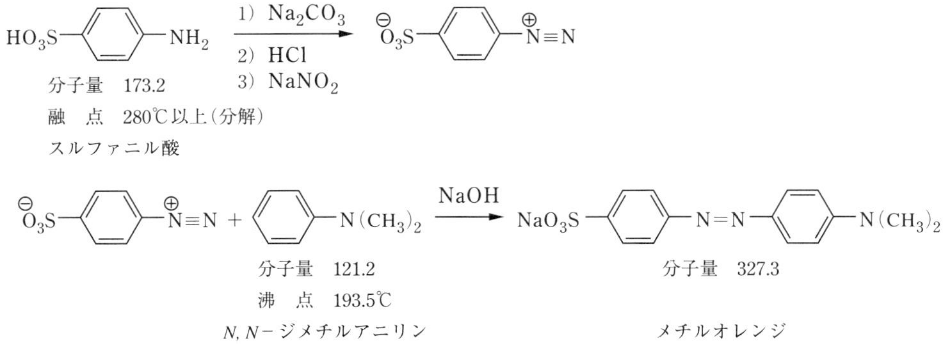

図 30.1

(1) 目 的 と 原 理

スルファニル酸をジアゾ化後，N, N–ジメチルアニリンとジアゾカップリングして酸・塩基指示薬のメチルオレンジを合成する．室温以下での反応，水溶性の塩の析出方法および吸引濾過などの基本操作を学ぶ．

(2) 学習のポイント

ジアゾ化，ジアゾカップリング，親電子反応，指示薬，塩析．

(3) 実 験 方 法

スルファニル酸 1.0 g を 100 mL ビーカーに入れ，5 w/v % 炭酸ナトリウム水溶液 10 mL を加えて加温溶解したのち，氷水浴で 5 ℃ 以下に冷却させておく．50 mL ビーカーに亜硝酸ナトリウム 0.4 g をとり，イオン交換水 10 mL で溶解する．この溶液を氷水浴で 5 ℃ 以下に冷却したのち，上のスルファニル酸を含む溶液に 5 ℃ 以下を保つように注意して，少しずつ加える．試験管に 6 M HCl を 3 mL とり，氷水浴で 5 分以上冷やす．この氷冷した塩酸を，上の反応溶液によくかき混ぜながら，ピペットで 1 滴ずつ滴下する．このとき，滴下する速度を加減して溶液の温度を 5 ℃ 以下に保つ．

50 mL ビーカーに N, N–ジメチルアニリン 0.8 g をとり，6 M HCl 2 mL を加えてかき混ぜ，均一な溶液にする．この溶液を 5 ℃ 以下に冷却したのち，前工程で調製したスルファニル酸のジアゾニウム塩溶液に，液温が 10 ℃ を超えないように[a]して加える．反応液をたえずかき混ぜていること．時々かき混ぜながら約 20 分間，反応容器を氷水冷したままとする．その後，10 w/v % 水酸化ナトリウム水溶液を，液温が 10 ℃ を超えないように，少しずつ加え

て溶液を強塩基性にする（pH試験紙が青紫色になることを確認後，さらに5 mL加える）[b)]．黄褐色の反応液を約10分間かき混ぜ続ける．反応終了後，沈殿を加熱して溶かす．色素が完全に溶けたら加熱をやめ，塩化ナトリウム2.0 gを加えて[c)]よくかき混ぜる．室温まで冷やしてから，氷水浴で冷やす．15℃以下まで反応液が冷えたら，吸引濾過をする．吸引濾過終了後，そのままの状態で飽和塩化ナトリウム水溶液20 mLを沈殿物に注ぎ，水分をよく切ってから，エタノール10 mLを注ぐ．得られた粗生成物は，あらかじめ重さをはかった50 mLビーカーに入れて減圧乾燥する．乾燥後，生成物を秤量し，収量と収率を算出する．

（4） 結果の整理と考察

1) 実験方法の文中a)で，ジアゾ化やジアゾカップリング反応を低温で行わなければならない理由を説明せよ．

2) 実験方法の文中b)で，強塩基性にする理由を考えよ．

3) 実験方法の文中c)で，塩化ナトリウムを加えるのはなぜか．その理由を説明せよ．

4) メチルオレンジがなぜ指示薬として利用できるのか，その理由を考えよ．

5) 収率は何％であったか．理論量に比べ著しく低い場合にはその理由を考えて記せ．また，乾燥後の生成物中に不純物として含まれる可能性の高い物質を記せ．

メチルオレンジの精製と可視吸収スペクトルの測定

前段で得られた粗製のメチルオレンジを精製するには，熱時濾過を用いた再結晶法による（A編3(9)「f. 熱時濾過」参照）．

粗製の乾燥したメチルオレンジ約1 gをビーカーにとり，この中に10 mLのイオン交換水を加え，加熱溶解する．この熱溶液を，別に準備しておいた熱時濾過用の50 mLコニカルビーカーに注ぎ，濾過する．濾液を放冷すると，黄橙色鱗片状の結晶が析出してくる．さらに容器を氷水でよく冷やし，結晶を十分に析出させたのち，吸引濾過する．この結晶をあらかじめ重量を測った30 mLビーカーに入れ120℃で乾燥したのち，秤量する．

乾燥した結晶のごく少量を試験管にとり，イオン交換水に溶かしたのち，まず1 M HCl数滴を加えて色の変化を調べよ．次いで1 M NaOH水溶液を1滴ずつ滴下してみよ．どのような色変化を観察できるか．レポートせよ．

可視吸収スペクトルの測定 結晶メチルオレンジ約0.1 gを精密に秤量し，これを500 mLメスフラスコで希釈水溶液とする．さらにこの溶液4 mLをメスピペットで100 mLメスフラスコにとり，25倍希釈水溶液とする（これらの操作で約2.4×10^{-5} Mのメチルオレンジ水溶液が得られる）．

この溶液20 mLを3本の試験管にそれぞれとり，その1本には1 M HClを1滴加えて酸性溶液を，他の1本には6 M NaOHを1滴加えて塩基性溶液を作る．調製したこれら3種の溶液のpH値をpH計で測ったのち，分光光度計を用いて可視吸収スペクトルを測定する．

参 考 文 献

磯部稔他訳，フィーザー/ウィリアムソン，有機化学実験（原書8版），367-374，丸善（2000）．

時田澄男著，カラーケミストリー（化学セミナー9），145-146，丸善（1984）．

湯川泰秀監訳，ストライトウィーザー，有機化学解説，1151-1152，廣川書店（1989）．

31. オレンジ II の合成

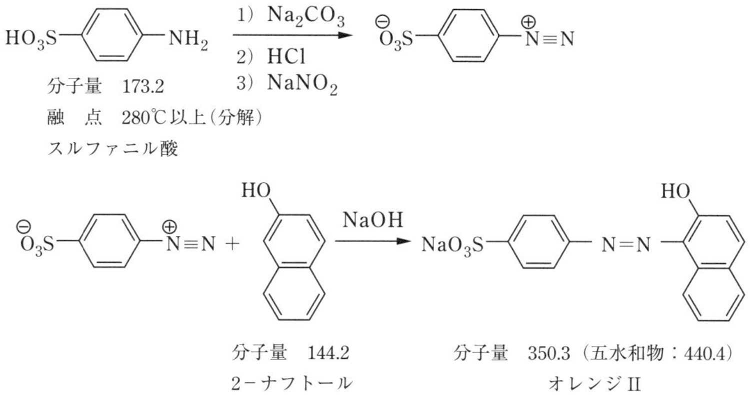

図 31.1

(1) 目 的 と 原 理

スルファニル酸をジアゾ化した後 2-ナフトールとジアゾカップリングすると，水溶性の色素（染料）として著名なオレンジ II を生成する．これらジアゾ化，ジアゾカップリングの反応の反応機構と色素の発色の機構を学ぶ．

(2) 学習のポイント

ジアゾ化，ジアゾカップリング，親電子反応，塩析，アゾ染料，発色の機構，π 電子共役．

(3) 実 験 方 法

スルファニル酸 4.0 g（0.023 mol），無水炭酸ナトリウム 2.0 g およびイオン交換水 20 mL を 300 mL ビーカーに入れ完全に溶かす．この溶液に濃塩酸 5 mL を加えて 10 ℃ 以下に保っておく．試験管に亜硝酸ナトリウム 1.7 g（0.025 mol）をとり，15 mL のイオン交換水を加えて溶かす．この溶液を先に調製した 300 mL ビーカーのスルファニル酸溶液中に，反応温度が 15 ℃ を超えないように注意して，かき混ぜながら少量ずつ滴下する．滴下終了後さらに 10 分間かき混ぜて反応を完結させる（ジアゾ化）．イオン交換水 50 mL を入れた別の 300 mL ビーカーに，2-ナフトール 3.6 g（0.025 mol），水酸化ナトリウム 1.3 g および無水炭酸ナトリウム 6.5 g を入れ，金網上で温めて溶かしてから氷水浴で冷やして 10 ℃ にする．このビーカーに上のジアゾ化液を，よくかき混ぜながら駒込ピペットで少しずつ滴下する（温度を 15 ℃ 以下に調節すること）．20 分間穏やかにかき混ぜた後，80 ℃ に温める．生成した色素が完全に溶けたら，熱いうちに塩化ナトリウム 25 g を少しずつ加え（塩析），室温まで冷却する．沈殿

を吸引濾過する．ビーカー中に残留物があれば濾液の一部をビーカーに戻し，容器をよく洗ってこれも吸引濾過する．重量既知の 50 mL ビーカーに生成物を移して 105 ℃ で乾燥してから秤量し，収量・収率を求める（105 ℃ での乾燥により，オレンジ II は五水和物（分子量 440）になる）．

（4）　結果の整理と考察

1)　反応を低温で行う理由を，高い温度で反応が進むとどのようなことが起こるかを考えて説明せよ．

2)　ジアゾカップリングを強塩基性条件で行う理由を考えよ．

3)　塩化ナトリウムを加えるのはなぜか．塩析について説明せよ．

4)　この実験では収率は 100 % を超えるのがふつうである．その理由を湿った状態の生成物に含まれている物質が何であるかを考えて説明せよ．

5)　ジアゾ化，ジアゾカップリングを芳香族化合物の置換反応の一例として考察せよ．

6)　オレンジ II が有色であることの理由を，共役 π 電子系という語句をヒントに考えよ．

染色の実験

操作　300 mL のビーカーにイオン交換水 100 mL と無水硫酸ナトリウム 1.0 g を入れ，これに濃硫酸 1 滴を加える．この液にオレンジ II 1.0 g を溶かして染浴とする．染浴を加温して 50〜60 ℃ になったら，多織交繊布[注]（ナイロン，ポリエステル，コットン，ウールなど）を入れ，徐々に浴温を上げて沸騰させたのち，25 分間沸騰を続ける．その間染浴の水量が減ったら，時々イオン交換水を加え液量を一定に保つ．

染色が終わったならば，染色物をとりだし十分水洗いしてから室温で乾燥する．

結果の整理と課題

1)　どの可染物がよく染まり，どの可染物が染まりにくかったか．順位をつけるなどの方法により整理せよ．

2)　染まりやすさと繊維の構造の間に関連性はないか，考えよ．

（注）　多織交繊布は，株式会社ナリカ（東京都千代田区）製を用いた．

参 考 文 献

磯部稔他訳，フィーザー/ウィリアムソン，有機化学実験（原書 8 版），367-374，丸善（2000）．
大木道則訳，ロバート/カセリオ，有機化学（下），972-985，東京化学同人（1970）．
伊東椒等訳，マクマリー，有機化学（下），1012-1017，東京化学同人（1987）．

32. アセトアニリドの合成とニトロ化

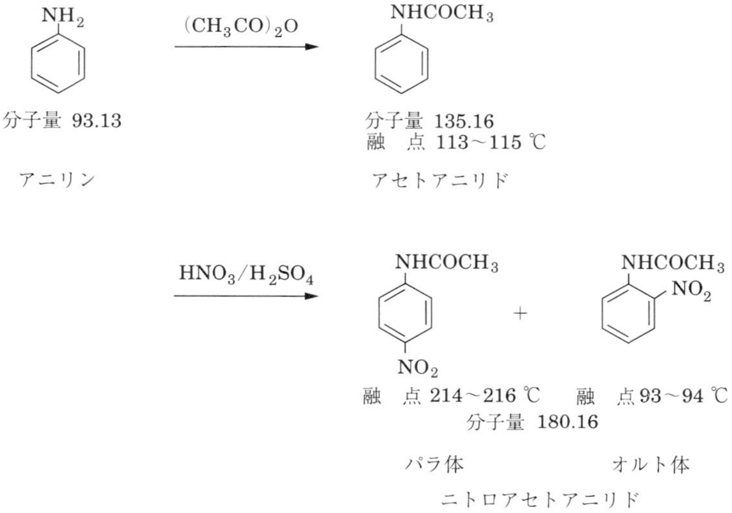

図 32.1

（1） 目 的 と 原 理

アニリンをアセチル化し，生成するアセトアニリドをさらにニトロ化する．もっともよく知られた実験のひとつである本実験を通して，有機化合物合成実験の基本操作を学習し，併せて化学反応により物質の物理的・化学的性質が変化することを理解する．

（2） 学 習 の ポ イ ン ト

アセチル化，保護基，ニトロ化，異性体，配向性，融点．

（3） 実 験 方 法

a. アセトアニリドの合成

50 mL 三角フラスコにアニリン 1.00 g（0.0107 mol）を入れ，これに無水酢酸 1.38 g（0.0135 mol）をピペットで 1 滴ずつゆっくりと滴下する．滴下を終えたら，この容器をあらかじめ沸騰させた湯浴（200 mL ビーカー）に 5 分間浸け，アセチル化を促進させる．次にこの反応液を 30 mL のイオン交換水の中に少量ずつかき混ぜながら注ぎ込む．このときアセトアニリドの沈殿が生成する．これを吸引濾過した後，ロート上を 50 mL の氷冷水で洗浄する．得られた結晶を濾紙にはさんでよく乾燥する．結晶の量を電子天秤で秤量後，ごく少量の試料を用いて融点を測定する．ニトロ化を行う場合は，残りは全量を次項 b に用いる．ニトロ化

を行わない場合は，次のように再結晶を行う．得られた沈殿を 100 mL ビーカー中，30 mL の
イオン交換水に懸濁する．沸騰石を入れて，ガスバーナーで穏やかに温めて溶かす．溶解後に
沸騰石を取り出す．室温で放冷後，吸引濾過で結晶を集めて，イオン交換水で洗浄し，よく乾
燥する．得られた結晶はさらに濾紙にはさんで乾燥後，電子天秤で重量を測定する．この結晶
の一部を用いて融点を測定する．

b． アセトアニリドのニトロ化

50 mL ビーカーに酢酸 2 mL をとり，前項で得られたアセトアニリドを全量加える．温度計
とガラス棒とを束ねたものでかき混ぜながら，この液に濃硫酸 2.5 mL を駒込ピペットで 1 滴
ずつゆっくりと加える．ビーカーを氷水浴に入れ，液温を約 5 ℃ にしておく．別に乾いた試
験管に濃硝酸 1 mL をとり，これに濃硫酸 1 mL を駒込ピペットで滴下して加え，混酸 2 mL
を作る．これも約 5 ℃ に冷却してから，5 ℃ のアセトアニリドの溶液に 3〜5 分かけて滴下す
る．温度が 20 ℃ 以上にならないように注意する．

混酸を加え終えたら水浴からビーカーを取り出し，室温でときどきかき混ぜながら 20 分間
放置する．次に反応液を 20 mL のイオン交換水に氷ひとつまみを入れた 50 mL ビーカー中に
投入し，ときどきかき混ぜながら 5 分間放置して，十分に沈殿を生成させる．よく水を切った
吸引びんとブフナーロートを用いて沈殿を集め，5〜10 ℃ の冷水約 10 mL で洗浄する．濾液
と洗浄液は 100 mL コニカルビーカーに移し，氷水浴に浸けて冷却しておく．ブフナーロート
に集めた p-ニトロアセトアニリドの黄白色沈殿をさらに約 10 mL の氷冷水で 3 回洗浄し，結
晶に付着した酸をできるだけ取り除く．洗浄した沈殿は，濾紙にはさんで水分を除いた後，秤
量し融点を測定する．

0 ℃ の氷浴中に浸けた濾液から析出する o-ニトロアセトアニリドの黄色の針状結晶は，氷
冷水で 1 回洗浄後，乾燥して秤量，融点を測定する．

（4）　結果の整理と考察

1)　アニリンからアセトアニリド，およびアセトアニリドから p-ニトロアセトアニリドへ
　　の反応収率は，それぞれ何 % であったか．

2)　アニリンと生成したアセトアニリドの融点を比較し，相違の理由を検討せよ．

3)　混酸によるニトロ化を低温で行う理由は何か．

4)　この実験では p-ニトロアセトアニリドが主生成物である．オルト体の少ない理由を考
　　えよ．

5)　p-ニトロアセトアニリドと o-ニトロアセトアニリドとは融点が極端に異なる．この相
　　違の理由を考えよ．

参 考 文 献

磯部稔他訳, フィーザー/ウィリアムソン, 有機化学実験（原書 8 版）, 358-364, 丸善（2000）.

花房昭静他監訳, ソロモンの新有機化学（下）（第 2 版）, 766-767, 廣川書店（1987）.

日本化学会編, 新実験化学講座 14 有機化合物の合成と反応 III, 1261-1267, 丸善（1978）.

稲本直樹・秋葉欣哉・岡崎廉治, 演習有機反応, 24-26, 32-36, 南江堂（1970）.

中西香爾他訳, モリソン/ボイド, 有機化学（上）, 425-437, 東京化学同人（1978）.

関屋　実, 反応有機化学, 249-253, 南江堂（1970）.

東京工業大学化学実験室（編）, 理工系大学基礎化学実験　第 4 版, 60-62, 講談社（2015）.

33. アセチルフェロセンの合成

（1） 目 的 と 原 理

a. 目 的

Friedel-Crafts（フリーデル・クラフツ）反応を応用して，フェロセンをアセチルフェロセンに変換する．

b. 原 理

フェロセンは，約60年前に偶然発見された，安定な鉄の錯体で，$FeC_{10}H_{10}$という分子式をもつ有機金属化合物である．その後の研究により，C_5H_5という式で表される平面板状の炭化水素陰イオン2枚に酸化数2の鉄陽イオンがサンドイッチ状にはさまれたような，不思議な構造をしていることがわかっている．この板状炭化水素基の部分はベンゼンと似た化学反応性を示す．

　無水酢酸に無水塩化アルミニウムを作用させると，錯体の形成を経てアセチリウム陽イオンが可逆的に生成する．

$$(1)$$

　この反応をベンゼンの共存下で行うと，フリーデル・クラフツ反応が起こり，ベンゼンの水素が1個だけアセチル基に置換された，アセトフェノンという香りのよい物質が得られる．

$$(2)$$

　無水塩化アルミニウムは無水酢酸を強力に活性化する有用な活性化剤だが，激しい潮解性を示し，取り扱いが難しい．フェロセンは，ベンゼンに比べ，はるかに高い反応性を示すので，リン酸のような弱い活性化剤でもうまくフリーデル・クラフツ反応を進行させられる．フェロセンのような反応し易い物質を反応させる場合は，リン酸のような安定で取り扱い易い物質を活性化剤とする方が，実験が容易になり都合がよい．

$$(3)$$

フェロセン

1, 1'-ジアセチルフェロセン

　人類の必須栄養素の一つに含まれるアミノ酸にはそれぞれ，分子構造が互いに鏡像の関係になる，光学異性体と呼ばれる「互いに異なる物質」が2種類存在するが，よい味がして栄養となり得るのはそのうちの一方に限られる．こうした光学異性体のうち，価値の高い一方だけを作り分ける「不斉合成」と呼ばれる分野において，今回の実験によって合成されるアセチルフェロセンや1, 1'-ジアセチルフェロセンは，有用な触媒の原料として，産業界でも活躍している．

（2）　学習のポイント
　フリーデル・クラフツ反応，フリーデル・クラフツアシル化，芳香族，求電子置換反応

（3）　実験方法
a.　反　応
　「廃液用」の 500 mL ビーカーに，水道水を 400 mL とり，沸騰石を1粒投入してからバーナーで加熱し，穏やかに沸騰させる．これを沸騰水浴とする．

　試験管にフェロセンを 0.25 g とり，次に無水酢酸を 1.0 mL 加え，よく振り混ぜる．次に，85% リン酸を10滴加え，薬包紙でフタをして輪ゴムで留めてから，針で穴を10個あける．その後，反応混合物をよく振り混ぜてから沸騰水浴に浸し，約50秒間加温する．その後，試験管を取り出し，約10秒間激しく振り混ぜ，再び約50秒間静かに加温する．この間，反応混合物の様子を詳しく観察し，しっかり記録すること．加温中は水浴の水位が 350〜450 mL に保たれるよう，適宜注水すること．加温と振り混ぜを計10サイクル繰り返した後，5分間放冷する．その後，試験管を氷水浴に浸し，さらに5分間冷却する．

b.　後　処　理
　中和の作業を始める前に，ダイヤフラムポンプの電源を入れ，空気を5分間以上吸わせる．このとき，ゴム管の先から異物を吸い込むことのないよう，ゴム管の開口部を上向きに固定してから空気を吸わせる．

　試験管から薬包紙のフタを取り去り，氷冷したままで 6 M NaOH を滴下し，中和する（10滴滴下するごとに撹拌してから pH を測定し，pH 6〜8 の間に調整する）．pH 9 を超えた場合は 6 M CH$_3$COOH で中和する．

　吸引瓶にダイヤフラムポンプのゴム管を接続する．目皿漏斗を吸引瓶に取り付ける．目皿に

濾紙をセットし，水で濡らして濾紙を目皿に密着させる．

　試験管内の反応混合物をよく振り混ぜ，濾紙の中央に注ぎ入れる．水道水を 3 mL ずつ用い（5 回まで），試験管内に残った固体を残らずすべて，濾紙上に移し切る．ガラス棒の平たい部分を使って，濾紙上にたまった固体を押さえつけ，含まれる液をできる限り吸引瓶内に落とし切る．このとき，目皿の端を押さえると目皿がズレて生成物が吸引瓶内に落下する恐れがあるので，目皿の中央付近に重心を置いて押さえつけるように気を付ける．さらに約 5 分間吸引を続けた後，濾紙上に得られた粗生成物の収量を求め，粗収率を算出する．ダイヤフラムポンプは，電源投入時と同様に空気を 5 分間吸わせてから，電源 OFF にする．

（4）　結果の整理と考察

1）　この反応における主たる副生成物について考察せよ．

2）　主たる副生成物と目的生成物とを分離精製するために適切と考えられる方法を調べよ．

34. 有機官能基の定性試験

（1） 目 的

ある有機化合物がどのような種類の化合物群に属するかを知るには，呈色・脱色・呈臭あるいは沈殿生成などの官能基定性試験が効果的である．ここでは，種々な官能基がどのような化学変化を示すかをそれぞれ代表的な化合物を用いて試験し，その変化の過程を観察する．

（2） 学習のポイント

多重結合への臭素付加，カルビラミン試験，バイヤー試験，フェノールの塩化鉄(III)試験，リーベルマン試験，ルーカス試験，フェーリング反応，ベネディクト試験，トレンス試験，ヒドロキサム酸鉄(III)試験．

（3） 原 理

異なった官能基でも同様な変化を示したり，同じ官能基をもつ化合物でもまったく異なった変化を示すことがあるから，ひとつの定性試験だけでは化合物が含む官能基を特定できない．また，2種類以上の官能基が存在する場合には，官能基相互の性質が影響し合って結果が著しく異なってくることは珍しくない．したがって，2つ以上の定性試験を組み合わせて，判断をより確実なものにすることが大切である．

a. 炭素-炭素多重結合（$>C=C<$，$-C\equiv C-$）
a） 臭 素 試 験

二重結合や三重結合は臭素を付加する．したがって，うすい臭素溶液を加えると，臭化水素を発生することなく脱色が起こる．

$$>C=C< \xrightarrow{\text{Br}_2} -CH_2Br-CH_2Br$$

多くの不飽和結合は容易に臭素付加を起こすが，二重結合の炭素に結合する基が臭素の付加速度に影響を及ぼす場合がある．たとえば，

$$C_6H_5CH=CH_2 + Br_2 \xrightarrow{\text{fast}} C_6H_5CHBrCH_2Br$$

$$C_6H_5CH=CHCOOH + Br_2 \xrightarrow{\text{slow}} C_6H_5CHBrCHBrCOOH$$

また，酸素の存在は臭素付加速度を遅くする．たとえばケイ皮酸は空気を除いたほうが臭素付加が速い．

脱色と同時に臭化水素の発生が認められるのは，置換反応も同時に起こっているためで，これに属するものは，アミン，エノール，フェノールおよび活性メチレン基を含む化合物類である．

ケトン類はこの反応を起こすためには時間がかかる．メチルケトン類は他のケトン類よりも反応しやすいが，それでも反応が始まるまでに誘導時間が必要である．

b) 過マンガン酸カリウム試験（Baeyer 試験）

過マンガン酸カリウムの紫色は，二重結合により速やかに脱色される．

$$R-CH=CH-R' \longrightarrow R-CH(OH)-CH(OH)-R' \longrightarrow RCOOH + R'COOH$$

過マンガン酸カリウムは通常水溶液で用いられる．水に難溶性な物質に対してはアセトン，アルコールあるいは酢酸溶液として用いられる．アルコールは室温では5分以内に過マンガン酸カリウムと反応することはない．ある種のオレフィンはアセトン溶液では反応しないが，アルコール溶液で反応することがある．

過マンガン酸カリウムの酢酸溶液は，簡単なアルコールの級別判定にも利用される．すなわち，第一・第二アルコールは反応するが，第三アルコールは上の条件では反応しない．また，アルデヒドやオキシ酸の中には過マンガン酸カリウムで反応するものがあるが，不飽和結合に比べると反応が遅い．テトラフェニルエチレンやブロモスチルベンなどはこの反応を示すが，臭素試験には陰性である．

不飽和結合に対しては臭素試験よりも Baeyer 試験のほうが優れているが，一面，複雑な反応を示す欠点もある．

一般には臭素溶液を脱色するカルボニル化合物は Baeyer 試験では陰性である．また，ベンズアルデヒド，ホルムアルデヒドなど多くのアルデヒドは Baeyer 試験に陽性であるが，臭素試験に陰性である．ギ酸およびギ酸エステルはアルデヒド誘導体ともみなされるので，Baeyer 試験に陽性である．

b．アミノ基（$-NH_2$）

カルビラミン試験

第一アミンにクロロホルムとアルコール性水酸化カリウム溶液を混ぜて熱すると，悪臭のカルビラミン（イソシアン化物）を発生するので，この臭いにより第一アミンの存在を知ることができる．

$$R-NH_2 + CHCl_3 + 3KOH \longrightarrow R-NC + 3KCl + 3H_2O$$

c．アルコール（−OH）の級別試験

塩酸–塩化亜鉛試験（Lucas 試験）

塩化亜鉛–濃塩酸溶液にアルコールを加えてよく振り混ぜると，この試薬に溶けない塩化アルキルを生成する．生成速度は，第三アルコールがもっとも速くほとんど即座に反応し，第二アルコールは 10 分以上を要する．第一アルコールはいっそう長時間を要する（加温すると速くなる）．これらの結果から，アルコールの級別を判別できる．ただし，アリルアルコールは例外で，ただちに塩化アリルを生成する．

$$RR'CH-OH + HCl \xrightarrow{\ ZnCl_2\ } RR'CH-Cl + H_2O$$

$$RR'R''C-OH + HCl \xrightarrow{\ ZnCl_2\ } RR'R''C-Cl + H_2O$$

d．フェノール性水酸基（Ar−OH）

a）塩化鉄（III）試験

フェノールやエノールは，塩化鉄（III）溶液によって赤，紫，青あるいは緑色の錯化合物を作る．

$$6\,C_6H_5OH + FeCl_3 \longrightarrow 3\,H^+ + \left[(C_6H_5O)_6Fe\right]^{3-} + 3\,HCl$$

b）亜硝酸試験（Liebermann 試験）

オルトまたはパラ位に置換基をもたないフェノール類に亜硝酸を作用させると，青あるいは青紫色を呈する．これは次のようなインドフェノール類の生成に基づくものと考えられている．

e．ホルミル基（−CHO）

a）銅（II）イオン試験

脂肪族アルデヒドのような還元性物質により，アルカリ性銅（II）は酸化銅（I）を沈殿する．

$$RCHO + 2\,Cu^{2+} + 4\,OH^- \longrightarrow RCOOH + Cu_2O + 2\,H_2O$$

生成する酸化銅（I）は，粒子の大きさにより異なった色相を示す．非常に細かければ青緑色だが，大きくなるにつれて黄色から赤色に変わる．アルカリ性銅（II）イオンとしては，次の2種類の溶液が使われる．

① Benedict 溶液：細かい粉末にした結晶硫酸銅(II) 1.7 g をイオン交換水 20 mL に溶かし，これにクエン酸三ナトリウム 17 g と無水炭酸ナトリウム 10 g をイオン交換水 80

mL に溶かしたものを混合する.

② Fehling 溶液：次の 2 種類の溶液を用意しておき使用する際に両者を等量ずつ混合して用いる.

　　A 液：結晶硫酸銅(II) 7 g をイオン交換水 100 mL に溶解したもの.

　　B 液：酒石酸ナトリウムカリウム 35 g と水酸化ナトリウム 14 g をイオン交換水 100 mL に溶解したもの.

b) Tollens 試験

アルデヒド，還元糖，多価フェノール，アミノフェノールその他の還元性の有機化合物は，Tollens 試薬によって銀を析出する.

f. エステル基（−COOR）

ヒドロキサム酸鉄(III)試験

エステル，酸無水物および酸ハロゲン化物は，ヒドロキシルアミンと反応してヒドロキサム酸 RCONHOH を生成する．この酸は弱酸性で，塩化鉄(III)と反応して赤色または紫色のヒドロキサム酸鉄(III)を生成する．酸またはアルコールの間接的検出法として利用される.

（4） 実 験 方 法

すべての試験は試験管を用いて行う．試薬類はいずれも微量である．液体 1 滴の容量あるいは微量固体の重量は，推測して採取する．試験する試料は備え付けのピペットを用いて採取する.

a. 炭素-炭素多重結合（$>C=C<$，　$-C≡C-$）

a) 臭 素 試 験

　試験試料[（　）内は溶媒]：スチレン（酢酸），オレイン酸（酢酸），アセトン（酢酸），
　　　　　　　　　　　　　　　　　フェノール（四塩化炭素）

試料 5 mg を溶媒 0.5 mL に溶かした溶液に 1～2% 臭素四塩化炭素溶液を 1 滴ずつ加え，色が消えるかどうか観察する．臭素の色が消えなくなるまでに 2 滴以上を要し，しかも臭化水素の発生が認められなければ不飽和結合が存在する.

b) 過マンガン酸カリウム試験（Baeyer 試験）

　試験試料：スチレン（酢酸），オレイン酸（酢酸），アセトン（10% Na_2CO_3 水溶液），1-プロパノール（水），2-プロパノール（水），2-メチル-2-プロパノール（水）

試料 5 mg を溶媒に溶かして，0.1% 過マンガン酸カリウム水溶液をその紫色が消えなくなるまで滴下する．速やかに脱色すれば，不飽和結合が存在する.

b． アミノ基（−NH$_2$）
カルビラミン試験

試験試料：ブチルアミン（クロロホルム），アニリン（クロロホルム）

試料 0.5 mg にクロロホルム 1 滴，1〜2 M 水酸化カリウムメタノール溶液 1 滴を加え，水溶上で熱する．カルビラミン特有の悪臭が認められれば，アミノ基が存在する（ブチルアミンのように沸点の低いアミンについては，試験管にゴム栓をして約 10 分間室温に放置する）．

c． アルコール（−OH）の級別試験
塩酸–塩化亜鉛試験（Lucas 試験）

試験試料：1-プロパノール（水），2-プロパノール（水），2-メチル-2-プロパノール（水）

無水塩化亜鉛 1.6 g を濃塩酸 1 mL に溶かし冷却しておく．試験管に試料 0.1 mL および塩化亜鉛溶液 0.5 mL をとり，1〜2 分間激しく振り混ぜた後，25〜30 ℃ で放置する．試薬に溶けずに遊離してくる塩化アルキルの発生までの時間をはかり，アルコールとしての級別を判定する．

d． フェノール性水酸基（Ar-OH）

試験試料：フェノール

a）　塩化鉄（III）試験

等量のイオン交換水とメタノール混合溶液に，約 2.5% の濃度になるように塩化鉄（III）を溶かす．試験管に試料 10〜20 mg を入れ，水を加えて溶かす．塩化鉄試薬 1〜2 滴を加えて赤〜緑の呈色があればフェノール性水酸基が存在する証拠である．

b）　亜硝酸試験（Liebermann 試験）

試験管に試料 1 mg をとり，濃硫酸 2〜3 滴を加えて溶かす．これに亜硝酸ナトリウムの小片を加える．数分後に水 2 滴を加え，青ないし青紫色を呈するならばフェノール性水酸基がある証拠である．

e． ホルミル基（−CHO）

試験試料：ベンズアルデヒド，ホルムアルデヒド

a）　銅（II）試験

試験管に Benedict 溶液または Fehling 溶液 5 mL をとり，試料 1〜5 mg を加えて沸騰水中で，前者は 5 分，後者は 2 分間加熱する．黄，緑あるいは赤色の沈殿を生じれば，ホルミル基が存在する証拠である．

b）　Tollens 試験

Tollens 試薬は使用直前に各自次のように調製して用いる．5% 硝酸銀水溶液 0.5 mL および水酸化ナトリウム水溶液 1 滴の混合溶液に 2% アンモニア水溶液を酸化銀の沈殿が消失する

まで加える．試料1〜2 mg を加えて振り混ぜ，10分間放置する．銀の沈殿または銀鏡の生成はホルミル基が存在する証拠である．反応が出ない場合には混合液を少し加温してみる．

f. エステル基（−COOR）

ヒドロキサム酸鉄(III)試験

　　試験試料：アジピン酸メチル，酢酸エチル

試料1〜10 mg をヒドロキシルアミン試薬2滴としばらく熱し，1分間放置する．水酸化カリウム−メタノール溶液1滴を加え，沸騰するまで熱する．混合溶液を冷却し1 M 塩酸で酸性にしてから塩化鉄(III)溶液1〜2滴を加える．エステルが存在すればピンク，赤あるいは紫色を示す．

　酸ハロゲン化物や酸無水物の場合には，試料にヒドロキシルアミン試薬を加えて2分間放置後，沸騰させたのち冷却，塩化鉄(III)溶液1〜2滴を加える．陰性の場合には，試料を1-ブタノール1滴と加熱後，エステルの試験の場合と同様に行ってみる．

(5) 結果の整理と考察

1) それぞれの試験結果を化学反応式で示せ．
2) 官能基の検出定性試験を整理して表にまとめよ．

参 考 文 献

永井芳男，工業有機化学実験，87-92，丸善（1993）.
磯部稔他訳，フィーザー/ウィリアムソン，有機化学実験（原書8版），493-505，丸善（2000）.

D
資　料

　最後に，分子量の計算などに必要な原子量表と市販の薬品の濃度および実験室の配置図を載せておく．

4桁の原子量表（2022）

（元素の原子量は，質量数12の炭素（^{12}C）を12とし，これに対する相対値とする．）

　本表は，実用上の便宜を考えて，国際純正・応用化学連合（IUPAC）で承認された最新の原子量に基づき，日本化学会原子量専門委員会が独自に作成したものである．本来，同位体存在度の不確定さは，自然に，あるいは人為的に起こりうる変動や実験誤差のために，元素ごとに異なる．従って，個々の原子量の値は，正確度が保証された有効数字の桁数が大きく異なる．本表の原子量を引用する際には，このことに注意を喚起することが望ましい．

　なお，本表の原子量の信頼性はリチウム，亜鉛の場合を除き有効数字の4桁目で±1以内である（両元素については脚注参照）．また，安定同位体がなく，天然で特定の同位体組成を示さない元素については，その元素の放射性同位体の質量数の一例を（　）内に示した．従って，その値を原子量として扱うことは出来ない．

原子番号	元素名	元素記号	原子量	原子番号	元素名	元素記号	原子量
1	水素	H	1.008	60	ネオジム	Nd	144.2
2	ヘリウム	He	4.003	61	プロメチウム	Pm	（145）
3	リチウム	Li	6.94†	62	サマリウム	Sm	150.4
4	ベリリウム	Be	9.012	63	ユウロピウム	Eu	152.0
5	ホウ素	B	10.81	64	ガドリニウム	Gd	157.3
6	炭素	C	12.01	65	テルビウム	Tb	158.9
7	窒素	N	14.01	66	ジスプロシウム	Dy	162.5
8	酸素	O	16.00	67	ホルミウム	Ho	164.9
9	フッ素	F	19.00	68	エルビウム	Er	167.3
10	ネオン	Ne	20.18	69	ツリウム	Tm	168.9
11	ナトリウム	Na	22.99	70	イッテルビウム	Yb	173.0
12	マグネシウム	Mg	24.31	71	ルテチウム	Lu	175.0
13	アルミニウム	Al	26.98	72	ハフニウム	Hf	178.5
14	ケイ素	Si	28.09	73	タンタル	Ta	180.9
15	リン	P	30.97	74	タングステン	W	183.8
16	硫黄	S	32.07	75	レニウム	Re	186.2
17	塩素	Cl	35.45	76	オスミウム	Os	190.2
18	アルゴン	Ar	39.95	77	イリジウム	Ir	192.2
19	カリウム	K	39.10	78	白金	Pt	195.1
20	カルシウム	Ca	40.08	79	金	Au	197.0
21	スカンジウム	Sc	44.96	80	水銀	Hg	200.6
22	チタン	Ti	47.87	81	タリウム	Tl	204.4
23	バナジウム	V	50.94	82	鉛	Pb	207.2
24	クロム	Cr	52.00	83	ビスマス	Bi	209.0
25	マンガン	Mn	54.94	84	ポロニウム	Po	（210）
26	鉄	Fe	55.85	85	アスタチン	At	（210）
27	コバルト	Co	58.93	86	ラドン	Rn	（222）
28	ニッケル	Ni	58.69	87	フランシウム	Fr	（223）
29	銅	Cu	63.55	88	ラジウム	Ra	（226）
30	亜鉛	Zn	65.38*	89	アクチニウム	Ac	（227）
31	ガリウム	Ga	69.72	90	トリウム	Th	232.0
32	ゲルマニウム	Ge	72.63	91	プロトアクチニウム	Pa	231.0
33	ヒ素	As	74.92	92	ウラン	U	238.0
34	セレン	Se	78.97	93	ネプツニウム	Np	（237）
35	臭素	Br	79.90	94	プルトニウム	Pu	（239）
36	クリプトン	Kr	83.80	95	アメリシウム	Am	（243）
37	ルビジウム	Rb	85.47	96	キュリウム	Cm	（247）
38	ストロンチウム	Sr	87.62	97	バークリウム	Bk	（247）
39	イットリウム	Y	88.91	98	カリホルニウム	Cf	（252）
40	ジルコニウム	Zr	91.22	99	アインスタイニウム	Es	（252）
41	ニオブ	Nb	92.91	100	フェルミウム	Fm	（257）
42	モリブデン	Mo	95.95	101	メンデレビウム	Md	（258）
43	テクネチウム	Tc	（99）	102	ノーベリウム	No	（259）
44	ルテニウム	Ru	101.1	103	ローレンシウム	Lr	（262）
45	ロジウム	Rh	102.9	104	ラザホージウム	Rf	（267）
46	パラジウム	Pd	106.4	105	ドブニウム	Db	（268）
47	銀	Ag	107.9	106	シーボーギウム	Sg	（271）
48	カドミウム	Cd	112.4	107	ボーリウム	Bh	（272）
49	インジウム	In	114.8	108	ハッシウム	Hs	（277）
50	スズ	Sn	118.7	109	マイトネリウム	Mt	（276）
51	アンチモン	Sb	121.8	110	ダームスタチウム	Ds	（281）
52	テルル	Te	127.6	111	レントゲニウム	Rg	（280）
53	ヨウ素	I	126.9	112	コペルニシウム	Cn	（285）
54	キセノン	Xe	131.3	113	ニホニウム	Nh	（278）
55	セシウム	Cs	132.9	114	フレロビウム	Fl	（289）
56	バリウム	Ba	137.3	115	モスコビウム	Mc	（289）
57	ランタン	La	138.9	116	リバモリウム	Lv	（293）
58	セリウム	Ce	140.1	117	テネシン	Ts	（293）
59	プラセオジム	Pr	140.9	118	オガネソン	Og	（294）

†：人為的に ^{6}Li が抽出され，リチウム同位体比が大きく変動した物質が存在するために，リチウムの原子量は大きな変動幅をもつ．従って本表では例外的に3桁の値が与えられている．なお，天然の多くの物質中でのリチウムの原子量は6.94に近い．

*：亜鉛に関しては原子量の信頼性は有効数字4桁目で±2である．

市販されている主な酸および塩基のおよその濃度

試　薬	モル濃度	重量 %
塩酸	12	35〜37
硝酸	13	60〜62
アンモニア水	15	25〜28
酢酸	17	99〜100
硫酸	18	96〜98

　一般に試薬びんには含量（重量 %）がラベルに記載されている．比重がわかれば，それから M 濃度は計算できる．たとえば，塩酸で含量36%の溶液は比重が 1.18 であるから，この塩酸溶液1Lの重量は 1180 g である．塩化水素（HCl）の重量は含量が 36% であるから 1180×0.36 ＝ 424.8 g となる．HCl の式量 36.46 から，モル濃度は 424.8/36.46 ＝ 11.65 M ＝ 約 12 M となる．なお，上表には重量 % が 60〜62% の硝酸を記載したが，硝酸には含量約 70%（モル濃度は約 16 M）の市販品もある．

試薬のラベル

　含量のほかにも，試薬びんに貼られているラベルには中に入っている試薬に関するさまざまな情報が記載されている．含まれる微量な不純物が実験の思わぬ失敗を引き起こすことがあるので，注意が必要である．実験によっては，あらかじめラベルによく目を通して，実験目的に適した試薬か確かめることが肝要である．

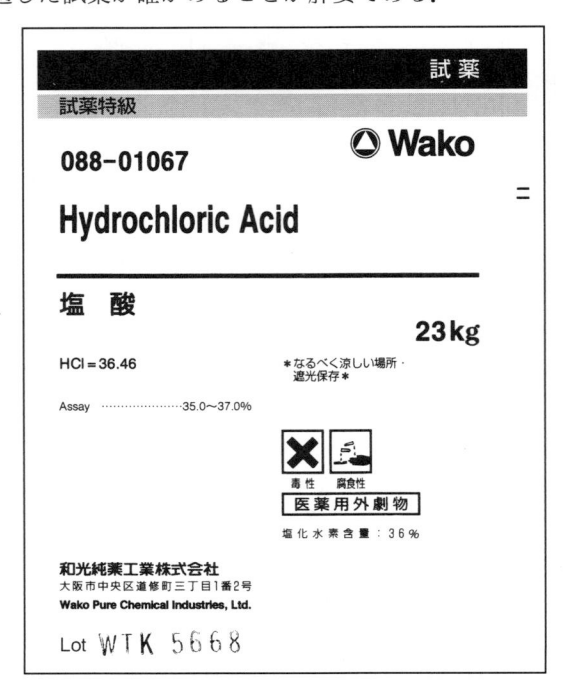
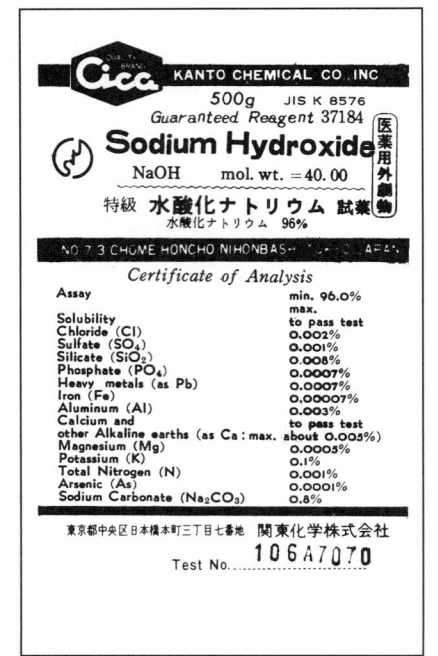

化学実験室配置図（1号館5階）

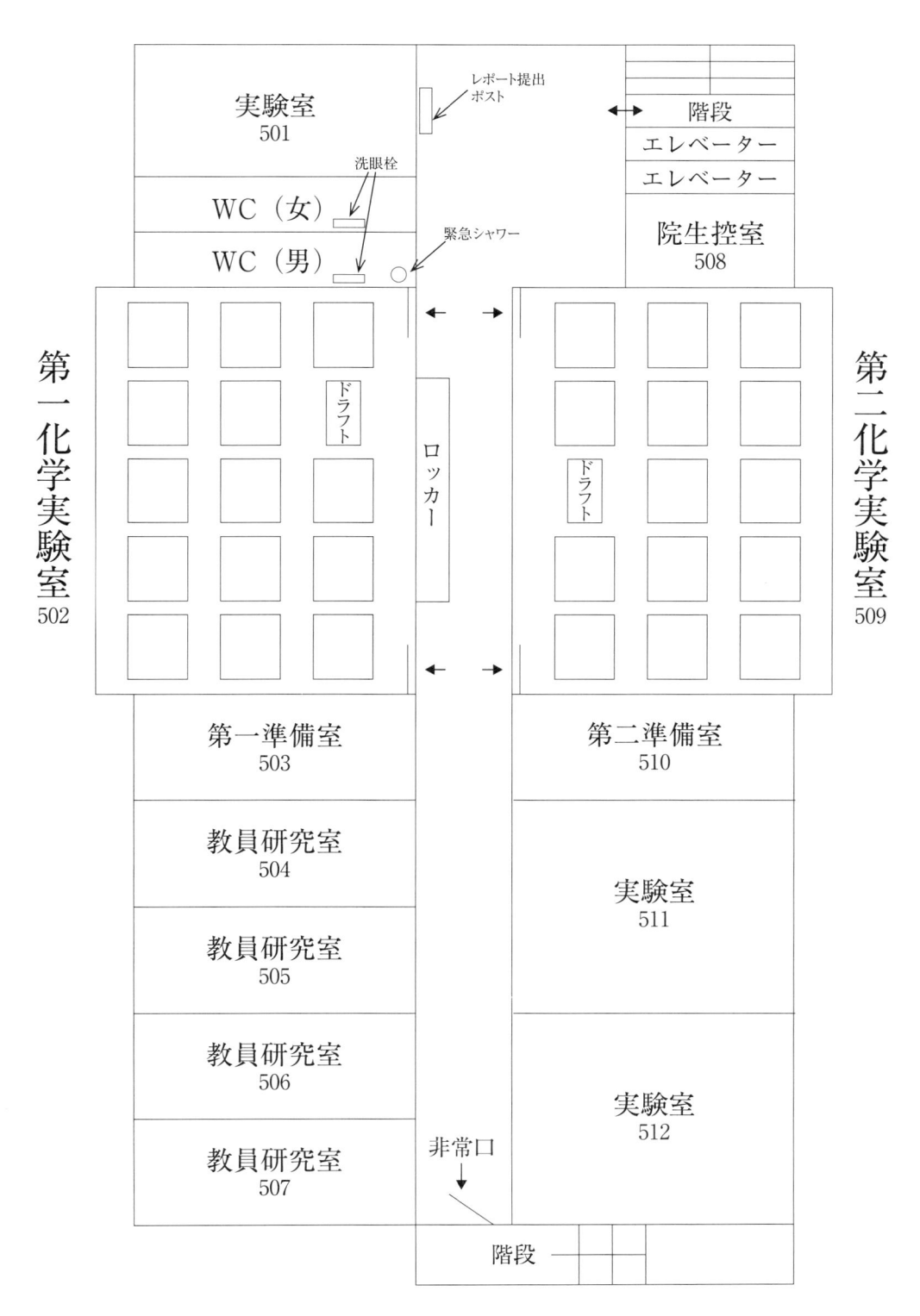

編集委員

田辺　敏夫　群馬大学名誉教授

中田　吉郎　群馬大学名誉教授

相澤　省一　群馬大学名誉教授

尾崎　広明　群馬大学大学院理工学府　教授

住吉　吉英　群馬大学大学院理工学府　教授

普神　敬悟　東京医科大学医学部　教授

京免　徹　群馬大学大学院理工学府　教授

山田　圭一　群馬大学大学院理工学府　准教授

教養の化学実験　第 5 版　2025, 2026

1999 年 3 月 30 日	第 1 版	第 1 刷	発行
2012 年 3 月 30 日	第 1 版	第 8 刷	発行
2014 年 3 月 30 日	第 2 版	第 1 刷	発行
2016 年 3 月 30 日	第 2 版	第 2 刷	発行
2018 年 3 月 30 日	第 3 版	第 1 刷	発行
2020 年 3 月 30 日	第 3 版	第 2 刷	発行
2021 年 3 月 30 日	第 4 版	第 1 刷	発行
2022 年 3 月 30 日	第 4 版	第 2 刷	発行
2023 年 3 月 30 日	**第 5 版**	**第 1 刷**	**発行**
2025 年 3 月 30 日	**第 5 版**	**第 2 刷**	**発行**

著　　者　　群馬大学
　　　　　　教養の化学実験研究会

発 行 者　　発田和子

発 行 所　　株式会社 学術図書出版社

〒113-0033　東京都文京区本郷 5 - 4 - 6
TEL 03-3811-0889　振替 00110-4-28454

印刷　三和印刷（株）